程序员典藏

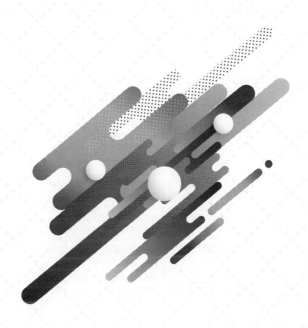

TypeScript
从入门到项目实践（超值版）

刘凯燕◎编著

清华大学出版社
北京

内容简介

本书采用"基础知识→核心技术→高级应用→项目实践"的结构和"由浅入深，由深到精"的学习模式进行讲解。全书共 15 章。首先，讲解 TypeScript 开发环境的搭建及开发工具的使用、TypeScript 基本数据类型、运算符和流程控制语句等基础知识；接着，深入介绍 TypeScript 的复杂数据类型、函数和类的进阶、接口和泛型的定义、如何使用 TypeScript 和 JavaScript 组合开发项目、使用 Vue 对象、组件与库开发项目等核心应用技术；然后，详细探讨 TypeScript 开发工具集、TypeScript 高级特性、配置管理、系统总体架构分层及软件数据库架构等高级应用；最后，通过 3 个实战项目将 TypeScript 的基础知识串联起来，通过真实的案例帮助读者巩固基础知识，并快速积累 TypeScript 实战经验。

本书的目的是从多角度、全方位竭力帮助读者快速掌握软件开发技能，构建从高校到社会的就业桥梁，让有志于从事软件开发行业的读者轻松步入职场。

本书适合学习项目编程的初、中级程序员和希望精通 TypeScript 开发技术的程序员阅读，也可供大中专院校和社会培训机构的师生及正在进行软件专业相关毕业设计的学生阅读。

版权所有，侵权必究。举报：010-62782989，beiqinquan@tup.tsinghua.edu.cn。

图书在版编目（CIP）数据

TypeScript从入门到项目实践：超值版 / 刘凯燕编著.
北京：清华大学出版社，2025.6. --（程序员典藏）.
ISBN 978-7-302-69000-9

Ⅰ.TP312.8

中国国家版本馆CIP数据核字第2025AR6043号

责任编辑：张　敏
封面设计：郭二鹏
责任校对：胡伟民
责任印制：刘　菲

出版发行：	清华大学出版社
网　　址：	https://www.tup.com.cn，https://www.wqxuetang.com
地　　址：	北京清华大学学研大厦A座　邮　编：100084
社　总　机：	010-83470000　邮　购：010-62786544
投稿与读者服务：	010-62776969，c-service@tup.tsinghua.edu.cn
质 量 反 馈：	010-62772015，zhiliang@tup.tsinghua.edu.cn
课 件 下 载：	https://www.tup.com.cn，010-83470236
印 装 者：	北京同文印刷有限责任公司
经　　销：	全国新华书店
开　　本：	185mm×260mm　印　张：19.25　字　数：495千字
版　　次：	2025年6月第1版　印　次：2025年6月第1次印刷
定　　价：	99.00元

产品编号：092812-01

前言

本书是专门为初学者量身打造的零编程基础学习与项目实践用书。

本书针对"零基础"和"中级"学者,通过案例引导读者深入技能学习和项目实践,既满足了初学者对 TypeScript 基础知识的需求,又满足了中级读者对 TypeScript 知识和项目实践方面的职业实战技能的需求。

TypeScript 最佳学习线路

本书以 TypeScript 最佳的学习模式来分配内容结构,第 1、2 章可使读者熟悉 TypeScript 的基础语法知识,第 3 ~ 8 章是 TypeScript 语法的进阶,第 9 ~ 12 章可使读者掌握 TypeScript 的核心技术和应用,第 13 ~ 15 章可使读者拥有多个行业项目开发经验。读者如果遇到问题,可以通过在线技术支持让老程序员答疑解惑。

本书内容

第 1、2 章为基础知识,主要讲解什么是 TypeScript、TypeScript 的环境搭建、代码编辑器的选择及 TypeScript 的基础语法等内容。通过对该内容的学习,读者可以了解 TypeScript 基础知识及它的发展历程,熟悉 TypeScript 的基本数据类型、运算符及流程控制语句等。

第 3 ~ 8 章为 TypeScript 语法知识的进阶,主要讲解 TypeScript 的复杂数据类型、函数和类的进阶、接口和泛型的定义,同时还讲解如何使用 TypeScript 和 JavaScript 组合开发项目、使用 Vue 对象、组件与库开发项目等内容。

第 9 ~ 12 章为核心技术和应用,主要讲解 TypeScript 开发工具集、TypeScript 高级特性、配置管理、系统总体架构分层及软件数据库架构等核心内容,为后续使用 TypeScript 开发项目奠定基础。

第 13 ~ 15 章为项目实战,主要讲解 TypeScript 的实战项目开发,包括记事本系统的开发、贪吃蛇小游戏的开发及视频播放系统的开发。通过这几章的学习,读者将对 TypeScript

在实际项目中的开发有深切的体会，为日后进行软件项目管理及实战开发积累经验。

全书融入了作者丰富的工作经验和多年的使用心得，具有较强的实战性和可操作性，读者系统学习后可以掌握 TypeScript 的基础知识，拥有全面的编写框架的编程能力、优良的团队协同技能和丰富的项目实战经验。编写本书的目标就是让 TypeScript 初学者快速成长为一名合格的中级程序员，通过演练积累项目开发经验和团队合作技能，在未来的职场中获取一个较高的起点，并能迅速融入软件开发团队中。

本书特色

1. 结构科学，易于自学

本书在内容组织和范例设计中充分考虑到读者的特点，由浅入深，循序渐进，无论是否接触过框架，都能从本书中找到最佳的起点。

2. 超多、实用、专业的范例和实践项目

本书结合实际工作中的应用范例逐一讲解 TypeScript 的各种知识和技术，在最后以 3 个项目实战来介绍 TypeScript 的知识和技能，使读者在实践中掌握知识，轻松拥有项目开发经验。

本书附赠超值王牌资源库

本书附赠了极为丰富超值的王牌资源库，具体内容如下：

（1）王牌资源 1：随赠本书"配套学习"资源库，提升读者的学习效率。

- 本书中 3 个大型项目案例以及 325 个实例源代码。
- 本书配套教学 PPT 课件。

（2）王牌资源 2：随赠"职业成长"资源库，突破读者职业规划与发展瓶颈。

- 求职资源库：206 套求职简历模板库、前端就业求职简历模板 90 例、680 套毕业答辩与学术开题报告 PPT 模板库。
- 面试资源库：前端常见笔（面）试题与解析 200 例、求职宝典、程序员面试技巧、100 例常见面试（笔试）题库、200 道求职常见面试（笔试）真题与解析。
- 职业资源库：100 例常见错误及解决方案、210 套岗位竞聘模板、MySQL 数据库开发技巧查询手册、程序员职业规划手册、开发经验及技巧集、软件工程师技能手册。

（3）王牌资源 3：随赠"软件开发魔典"资源库，拓展读者学习本书的深度和广度。

- 软件开发文档模板库：10 套 8 大行业项目开发文档模板库。
- 编程水平测试系统：计算机水平测试、编程水平测试、编程逻辑能力测试、编程英语水平测试。
- 软件学习必备工具及电子书资源库：TypeScript 语法电子书、TypeScript 在 Vue 中的使用技巧、Vue+TypeScript 开发指南、TypeScript 的常见错误及解决办法。

（4）王牌资源 4：附赠"AI 图书问学助手"，本书读者独享如下 6 项 AI 助学工具集。

- 面试/笔试题库：免费刷2万+题库。
- 大厂真题AI解析：深度剖析名企高频考题。
- AI面试官：模拟真实面试场景。
- AI简历智能生成：一键生成个性化求职简历。
- 绘图创意坊：AI辅助绘图设计。
- AI智能问学助手：AI助力图书学习。

上述资源获取及使用

注意：由于本书不配送光盘，书中所用及上述资源均需借助网络下载才能使用。

1. 资源获取

采用以下任意途径，均可获取本书所附赠的超值王牌资源库。

（1）加入本书微信公众号"京贯读者服务"或"京贯读者学习"，下载资源或者咨询关于本书的任何问题。

（2）登录清华大学出版社网站 http://www.tup.tsinghua.edu.cn/，搜索本书即可下载本书配套教学PPT课件。

（3）扫码下方二维码，即可学习和使用本书资源。

王牌资源1　　　王牌资源2　　　王牌资源3　　　王牌资源4　　　教师资源

2. 使用方法

（1）通过计算机端、App端、微信端及平板端学习本书资源。

（2）将本书资源下载到本地硬盘，根据需要选择性使用。

本书适合哪些读者阅读

本书非常适合以下人员阅读。
- 没有任何TypeScript基础的初学者。
- 有一定的TypeScript开发基础，想精通编程的人员。
- 有一定的TypeScript开发基础，没有项目实践经验的人员。
- 正在进行软件专业相关毕业设计的学生。
- 大中专院校及培训学校的老师和学生。

在编写过程中，我们虽已尽所能地将最好的讲解呈现给读者，但难免有疏漏和不妥之处，敬请广大读者不吝指正。

目录

第 1 章	认识 TypeScript	1
1.1	什么是 TypeScript	1
1.2	为什么要学习 TypeScript	2
	1.2.1 TypeScript 与 JavaScript 对比有什么优势	2
	1.2.2 TypeScript 给前端开发带来的好处	3
1.3	安装 TypeScript	3
	1.3.1 Node.js 的安装	4
	1.3.2 Visual Studio Code 的安装	6
1.4	第一个 TypeScript 程序	10
1.5	就业面试技巧与解析	11
	1.5.1 面试技巧与解析（一）	11
	1.5.2 面试技巧与解析（二）	11
第 2 章	TypeScript 基本语法	12
2.1	TypeScript 编程术语	12
2.2	TypeScript 基本语法	14
2.3	TypeScript 数据类型	19
	2.3.1 数字类型	19
	2.3.2 字符串类型	19
	2.3.3 布尔类型	21
	2.3.4 未定义类型和空类型	22
	2.3.5 枚举类型	22
	2.3.6 任意值类型	26
	2.3.7 数组类型	26
	2.3.8 元组类型	28
	2.3.9 never 类型	29
	2.3.10 Symbol 类型	30
	2.3.11 字面量类型、联合类型、类型断言	32
2.4	TypeScript 运算符	34
	2.4.1 算术运算符	34
	2.4.2 逻辑运算符	35

目录

2.4.3	关系运算符	35
2.4.4	按位运算符	36
2.4.5	赋值运算符、类型运算符	37
2.5	TypeScript 控制语句	37
2.5.1	条件语句	37
2.5.2	循环语句	40
2.5.3	跳转语句	42
2.6	就业面试技巧与解析	44
2.6.1	面试技巧与解析（一）	44
2.6.2	面试技巧与解析（二）	44

第3章　TypeScript 进阶 ································ 45

3.1	条件类型	45
3.2	函数类型	48
3.2.1	函数声明	48
3.2.2	函数参数	49
3.2.3	函数重载	52
3.3	对象类型	53
3.3.1	对象类型的定义	54
3.3.2	对象的属性	54
3.4	泛型中的 extends/keyof	57
3.5	映射类型	58
3.5.1	索引签名	58
3.5.2	映射类型的实现	58
3.6	类型收窄	60
3.7	类的使用	63
3.7.1	类的定义	64
3.7.2	类的继承	65
3.7.3	访问类型	67
3.7.4	getter 和 setter	70
3.8	抽象类	71
3.9	就业面试技巧与解析	73
3.9.1	面试技巧与解析（一）	73
3.9.2	面试技巧与解析（二）	73

第4章　深入了解函数和类 ································ 74

4.1	函　　数	74
4.1.1	匿名函数的定义和调用	75
4.1.2	构造函数	76
4.1.3	箭头函数	77
4.1.4	构造签名和签名调用	79
4.1.5	函数的别名	82
4.1.6	this、call、bind、apply	82

4.2 类的进阶 ·········· 85
    4.2.1 面向对象编程基础 ·········· 85
    4.2.2 封装与抽象 ·········· 87
    4.2.3 对象继承 ·········· 89
    4.2.4 多重继承 ·········· 89
    4.2.5 方法的重载与重写 ·········· 91
    4.2.6 多态 ·········· 94
4.3 就业面试技巧与解析 ·········· 97
    4.3.1 面试技巧与解析（一） ·········· 97
    4.3.2 面试技巧与解析（二） ·········· 97

第 5 章 使用数组和泛型

5.1 TypeScript 接口 ·········· 98
    5.1.1 创建和使用接口 ·········· 98
    5.1.2 扩展其他类型 ·········· 101
    5.1.3 接口的索引签名 ·········· 102
5.2 使用泛型 ·········· 103
    5.2.1 理解泛型 ·········· 103
    5.2.2 创建自己的泛型类型 ·········· 103
    5.2.3 创建泛型函数 ·········· 106
    5.2.4 使用泛型创建条件类型 ·········· 108
    5.2.5 高阶条件类型用例 ·········· 109
5.3 使用数组 ·········· 109
    5.3.1 数组的访问 ·········· 110
    5.3.2 数组的更新和删除 ·········· 112
5.4 使用元组 ·········· 113
    5.4.1 元组的访问 ·········· 113
    5.4.2 元组操作 ·········· 115
    5.4.3 元组解构 ·········· 116
5.5 就业面试技巧与解析 ·········· 117
    5.5.1 面试技巧与解析（一） ·········· 117
    5.5.2 面试技巧与解析（二） ·········· 117

第 6 章 使用 TypeScript 和 JavaScript 组合开发项目

6.1 类型定义文件 ·········· 118
    6.1.1 了解类型定义文件 ·········· 118
    6.1.2 类型定义文件与 IDE ·········· 120
    6.1.3 shim 与类型定义 ·········· 121
    6.1.4 创建自己的类型定义文件 ·········· 122
6.2 使用 JavaScript 库的 TypeScript 应用程序示例 ·········· 123
6.3 在 JavaScript 项目中使用 TypeScript ·········· 129
6.4 就业面试技巧与解析 ·········· 131
    6.4.1 面试技巧与解析（一） ·········· 131
    6.4.2 面试技巧与解析（二） ·········· 131

第 7 章　使用 Vue 对象、组件与库开发项目 ……………………………………………………… 132

- 7.1　挂载 Vue 对象 ………………………………………………………………………… 132
- 7.2　操作关联数据 ………………………………………………………………………… 136
  - 7.2.1　data 成员 ……………………………………………………………………… 136
  - 7.2.2　compued 成员 ………………………………………………………………… 137
  - 7.2.3　mehods 成员 …………………………………………………………………… 138
  - 7.2.4　watch 成员 …………………………………………………………………… 139
- 7.3　处理生命周期 ………………………………………………………………………… 140
- 7.4　Vue 组件基础 ………………………………………………………………………… 142
  - 7.4.1　创建 Vue 组件 ………………………………………………………………… 143
  - 7.4.2　Vue 专用组件 ………………………………………………………………… 144
- 7.5　设计 Vue 组件 ………………………………………………………………………… 147
  - 7.5.1　面向组件的 v-on 指令 ………………………………………………………… 147
  - 7.5.2　面向组件的 v-model 指令 …………………………………………………… 149
  - 7.5.3　预留组件插槽 ………………………………………………………………… 150
- 7.6　使用现有组件 ………………………………………………………………………… 152
  - 7.6.1　使用内置组件 ………………………………………………………………… 152
  - 7.6.2　引入外部组件 ………………………………………………………………… 153
- 7.7　就业面试技巧与解析 ………………………………………………………………… 156
  - 7.7.1　面试技巧与解析（一） ……………………………………………………… 156
  - 7.7.2　面试技巧与解析（二） ……………………………………………………… 156

第 8 章　装饰器与类型的高级应用 ……………………………………………………………… 157

- 8.1　装饰器 ………………………………………………………………………………… 157
  - 8.1.1　装饰器的使用 ………………………………………………………………… 157
  - 8.1.2　创建类装饰器 ………………………………………………………………… 159
  - 8.1.3　创建属性装饰器 ……………………………………………………………… 160
  - 8.1.4　创建方法装饰器 ……………………………………………………………… 161
  - 8.1.5　创建参数装饰器 ……………………………………………………………… 162
  - 8.1.6　装饰器的执行顺序 …………………………………………………………… 163
- 8.2　类型保护 ……………………………………………………………………………… 164
  - 8.2.1　instanceof 类型保护 …………………………………………………………… 165
  - 8.2.2　typeof 类型保护 ……………………………………………………………… 166
  - 8.2.3　in 类型保护 …………………………………………………………………… 167
  - 8.2.4　自定义类型保护 ……………………………………………………………… 169
  - 8.2.5　等式收缩类型保护 …………………………………………………………… 169
- 8.3　就业面试技巧与解析 ………………………………………………………………… 170
  - 8.3.1　面试技巧与解析（一） ……………………………………………………… 170
  - 8.3.2　面试技巧与解析（二） ……………………………………………………… 171

第 9 章　开发工具集 ………………………………………………………………………………… 172

- 9.1　源映射 ………………………………………………………………………………… 172
- 9.2　TSLint ………………………………………………………………………………… 175
- 9.3　使用 Webpack 绑定代码 ……………………………………………………………… 177

	9.3.1 使用 Webpack 绑定 JavaScript	177
	9.3.2 使用 Webpack 绑定 TypeScript	179
9.4	使用 Babel 编译器	182
	9.4.1 在 JavaScript 中使用 Babel	182
	9.4.2 在 TypeScript 中使用 Babel	183
	9.4.3 在 TypeScript 与 Webpack 中使用 Babel	185
9.5	工具介绍	188
	9.5.1 Deno 介绍	188
	9.5.2 ncc 介绍	189
9.6	就业面试技巧与解析	191
	9.6.1 面试技巧与解析（一）	191
	9.6.2 面试技巧与解析（二）	191

第 10 章 TypeScript 高级特性 192

10.1	技术需求	192
10.2	使用 tsconfig 构建面向未来的 TypeScript	192
10.3	TypeScript 高级特性简介	193
	10.3.1 借助联合类型使用不同的类型	193
	10.3.2 使用交叉类型组合类型	195
	10.3.3 使用类型别名简化类型声明	198
	10.3.4 使用对象展开赋值属性	199
	10.3.5 使用 REST 属性解构对象	200
	10.3.6 使用 REST 处理可变数量的参数	202
	10.3.7 使用装饰器进行 AOP	203
	10.3.8 使用混入（mixin）组成类	205
	10.3.9 使用 Promise 和 async/await 创建异步代码	206
10.4	就业面试技巧与解析	208
	10.4.1 面试技巧与解析（一）	208
	10.4.2 面试技巧与解析（二）	208

第 11 章 TypeScript 配置管理 209

11.1	编译器	209
	11.1.1 安装编译器	209
	11.1.2 编译程序	211
11.2	编译选项	213
	11.2.1 编译选项风格	214
	11.2.2 使用编译选项	214
	11.2.3 严格类型检查	215
	11.2.4 编译选项列表	217
11.3	tsconfig.json	218
	11.3.1 使用配置文件	218
	11.3.2 编译文件列表	219
	11.3.3 声明文件列表	221
	11.3.4 继承配置文件	222

11.4 工程引用 224
11.4.1 使用工程引用 224
11.4.2 工程引用示例 224
11.4.3 --build 225
11.4.4 solution 模式 225
11.5 三斜线指令 226
11.5.1 /// <reference path="" /> 227
11.5.2 /// <reference types="" /> 228
11.5.3 /// <reference lib="" /> 228
11.6 就业面试技巧与解析 229
11.6.1 面试技巧与解析（一） 229
11.6.2 面试技巧与解析（二） 229

第12章 系统总体架构分层 230
12.1 TypeScript 系统架构分层 230
12.1.1 核心编译器 230
12.1.2 独立编译器 231
12.1.3 语言服务 232
12.1.4 独立服务器 232
12.2 系统架构中的核心编译器 233
12.2.1 扫描器（Scanner） 233
12.2.2 语法解析器（Parser） 235
12.2.3 类型联合器（Binder） 238
12.2.4 类型检查器（Checker） 238
12.2.5 代码生成器（Emitter） 239
12.3 系统架构中的数据集成设计 239
12.3.1 数据物理集中 240
12.3.2 数据逻辑集中 240
12.3.3 数据联邦模式 240
12.3.4 数据复制模式 241
12.3.5 基于接口的数据集成模式 242
12.4 就业面试技巧与解析 242
12.4.1 面试技巧与解析（一） 242
12.4.2 面试技巧与解析（二） 243

第13章 记事本系统的开发 244
13.1 项目开发技术背景 244
13.2 系统功能设计 245
13.2.1 系统功能结构 245
13.2.2 系统运行流程 246
13.2.3 系统开发环境 246
13.3 记事本系统运行 247
13.3.1 系统文件结构 247
13.3.2 运行系统 248

13.4　系统数据库设计 249
13.5　系统主要功能的技术实现 251
　　13.5.1　操作数据的方法实现 251
　　13.5.2　记事本列表功能的实现 253
　　13.5.3　记事本头部功能的实现 254
　　13.5.4　记事本详情功能的实现 256
　　13.5.5　记事本编辑功能的实现 258
13.6　系统运行与测试 259
13.7　开发常见问题及功能扩展 262

第14章　贪吃蛇小游戏的开发 263

14.1　项目开发技术背景 263
14.2　系统功能设计 264
　　14.2.1　系统功能结构 264
　　14.2.2　系统运行流程 265
　　14.2.3　系统开发环境 265
14.3　贪吃蛇小游戏开发 265
　　14.3.1　系统文件结构 266
　　14.3.2　运行系统 267
14.4　系统功能技术实现 268
　　14.4.1　地图加载功能的实现 268
　　14.4.2　蛇运动功能的实现 269
　　14.4.3　蛇吃食物功能的实现 275
14.5　系统运行与测试 277
14.6　开发常见问题及功能扩展 280

第15章　视频播放系统的开发 281

15.1　项目开发技术背景 281
15.2　系统功能设计 282
　　15.2.1　系统功能结构 282
　　15.2.2　系统运行流程 282
　　15.2.3　系统开发环境 282
15.3　视频播放系统运行 283
　　15.3.1　系统文件结构 283
　　15.3.2　运行系统 284
15.4　系统功能技术实现 284
　　15.4.1　首页轮播图功能的实现 285
　　15.4.2　视频列表功能的实现 285
　　15.4.3　视频搜索功能的实现 288
　　15.4.4　视频详情功能的实现 289
15.5　系统运行与测试 293
15.6　开发常见问题及功能扩展 294

第 1 章

认识TypeScript

本章概述

  TypeScript 是 Microsoft 公司开发的一款开源的脚本语言，同时实现 TypeScript 的编译器也是开源的。TypeScript 是在 JavaScript 的基础上添加静态定义类型构建而成的，最初是为了解决 JavaScript 代码规模大时出现的类型问题，同时 TypeScript 中添加了一些高级特性，如装饰器、函数等，这些特性在 JavaScript 中是不存在的。TypeScript 更像 Java、C++、PHP 等面向对象开发的语言，可以在开发大型企业级应用时使用。本章将讲解什么是 TypeScript，以及 TypeScript 的简单使用。

知识导读

  本章要点（已掌握的在方框中打钩）
  □ 什么是 TypeScript。
  □ 为什么要学习 TypeScript。
  □ 安装 TypeScript。
  □ 第一个 TypeScript 程序。

1.1 什么是 TypeScript

  TypeScript 是一种开源的编程语言，是专为 JavaScript 开发大规模应用而设计的，它包含 JavaScript 现有的所有功能。TypeScript 可以嵌入 HTML 页面中，在浏览器端执行。TypeScript 代码需要编译成 JavaScript 代码才能运行。TypeScript 语言是跨平台的，经过编译后可以运行在任意浏览器。

1.2 为什么要学习 TypeScript

TypeScript 是目前较为流行的一门编程语言，同时也是强类型语言，有一套类型机制，可以在编译时进行强类型判断，从而大大提高代码的编写效率。TypeScript 是在 JavaScript 的基础上开发的语法，重点解决了 JavaScript 语言自有类型系统的不足。TypeScript 拥有面向对象编程语言的所有特性，相比 JavaScript，更能提高项目的开发效率，且 TypeScript 具有多功能性，几乎可以编写任何代码，包括移动端和计算机端的应用程序、Web 服务的前端和后端等。使用 TypeScript 开发可以极大地提高代码的可靠程度。

1.2.1 TypeScript 与 JavaScript 对比有什么优势

TypeScript 和 JavaScript 是目前开发中常用的两种脚本语言。TypeScript 可以使用 JavaScript 中的所有代码，它是为了方便 JavaScript 的开发而创建的。相比 JavaScript，TypeScript 有以下 5 个优势：

（1）TypeScript 引入了"类"和"模块"的概念，可以把数据、函数和类封装到模块中。
（2）TypeScript 可以在编码时检查错误，大大提高了开发效率。
（3）TypeScript 的面向对象编程语言的特性，增加了代码的可读性。
（4）TypeScript 使代码的重构变得更加容易。
（5）TypeScript 可用于开发大型应用。

TypeScript 与 JavaScript 的对比如表 1-1 所示。

表 1-1 TypeScript 与 JavaScript 的对比

对比项目	JavaScript	TypeScript
类型	弱类型	强类型
模块化	不支持	支持
泛型	不支持	支持
接口	不支持	支持
浏览器中使用	支持	不支持

说明：
（1）弱类型：无法选择静态类型。
（2）强类型：支持静态和动态类型。
（3）JavaScript 支持在浏览器中直接使用。TypeScript 不支持在浏览器中直接使用，需要将代码转换为 JavaScript 以实现浏览器的兼容性。

1.2.2　TypeScript 给前端开发带来的好处

TypeScript 语言是 JavaScript 的超集，包含 JavaScript 的所有元素。相比 JavaScript，TypeScript 增加了代码的可维护性和可读性，且 TypeScript 的编译工具可以运行在任何系统中。对于前端的开发者来说，TypeScript 带来了以下 3 个好处：

（1）TypeScript 是一门强类型语言，相比弱类型语言，编码中的错误会更早暴露，使代码更加智能和准确，并且减少了不必要的类型判断。

（2）TypeScript 增、删、改了一些公共接口，与接口相关的页面和函数会及时提示报错，可以更方便地找到错误并修改。

（3）TypeScript 支持分模块开发，这样在开发大型项目时可以更好地进行分工协作。

1.3　安装 TypeScript

在学习 TypeScript 之前首先要进行 TypeScript 环境的搭建和代码编辑器的选择，从官网可以看到支持 TypeScript 的编辑器有 CATS、Eclipse、Visual Studio、Visual Studio Code 等。TypeScript 环境搭建的流程具体如下：

（1）安装 TypeScript 之前需要确认计算机中是否安装了 Node.js（可以在命令行工具中输入 node -v 查看安装的 Node.js 版本）。

（2）按 Win+R 组合键，输入 cmd，打开命令行界面，如图 1-1 所示。

（3）在命令行工具中输入 npm install -g typescript，按 Enter 键运行，将 TypeScript 安装到全局，如图 1-2 所示。

图 1-1　打开命令行界面

图 1-2　TypeScript 的安装

（4）在命令行工具中输入 tsc –v，按 Enter 键运行，查看 TypeScript 是否安装成功，如果输出 TypeScript 的版本号，则表示安装成功，如图 1-3 所示；如果无法识别，则表示安装失败。

图 1-3　TypeScript 安装成功

1.3.1 Node.js 的安装

Node.js 于 2009 年发布，是一套 JavaScript 的运行环境，使 JavaScript 可以脱离浏览器运行。Node.js 主要用于编写一些服务器端的网络应用。Node.js 与 PHP、Python 等语言最大的不同在于 Node.js 是非阻塞的，可以多条命令同时运行。Node.js 适用于 Windows、Linux、macOS 等操作系统。Node.js 相当于运行在服务器端的 JavaScript，它的出现使 JavaScript 成为与 Python、PHP、Ruby 等服务端语言平起平坐的脚本语言。Node.js 的具体安装步骤如下：

（1）打开浏览器，在浏览器中输入网址 https://nodejs.cn/download/，打开 Node.js 中文网，如图 1-4 所示。

图 1-4　Node.js 的搜索

（2）根据操作系统下载对应的 Node.js 的安装包，这里下载的是 Windows 64 位的安装包，如图 1-5 所示。

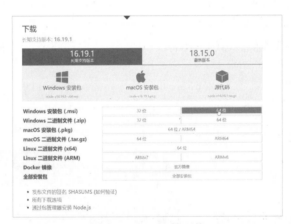

图 1-5　Node.js 的下载

（3）开始安装。

①双击下载好的安装包，开始安装，如图 1-6 所示。

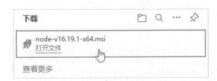

图 1-6　Node.js 的安装包

②打开安装界面，如图 1-7 所示，单击 Next 按钮，进入下一步。

③如图 1-8 所示，勾选接受协议，单击 Next 按钮，进入下一步。

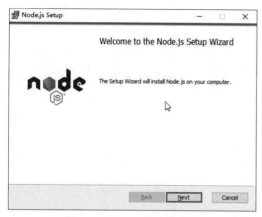 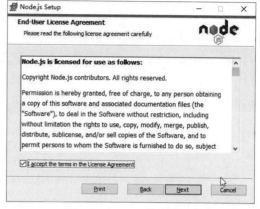

图 1-7　Node.js 的安装（1）　　　　　图 1-8　Node.js 的安装（2）

④选择安装目录，默认为 C:/Program Files\node.js\，如图 1-9 所示，选择完成后单击 Next 按钮，进入下一步。

⑤选择需要的安装模式（默认即可，也可根据需求选择），如图 1-10 所示，选择完成后单击 Next 按钮，进入下一步。

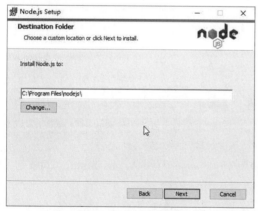 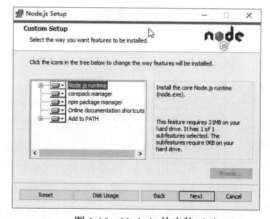

图 1-9　Node.js 的安装（3）　　　　　图 1-10　Node.js 的安装（4）

⑥选择安装工具（可根据个人需求选择），如图 1-11 所示，选择完成后单击 Next 按钮，进入下一步。

⑦单击 Install 按钮，开始安装，如图 1-12 所示。

⑧检查 Node.js 是否安装成功，在命令行工具中输入 node -v，按 Enter 键运行，如果返回 Node.js 的版本号，即表示安装成功，如图 1-13 所示；如果无法识别，则表示安装失败。

⑨检查 npm 是否安装成功，在命令行工具中输入 npm -v，按 Enter 键运行，如果返回 npm 的版本号即表示安装成功，如图 1-14 所示；如果无法识别，则表示安装失败（安装 Node.js 时会自动安装 npm）。

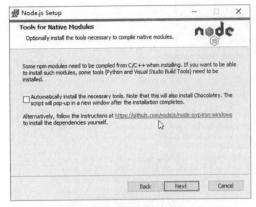
图 1-11　Node.js 的安装（5）

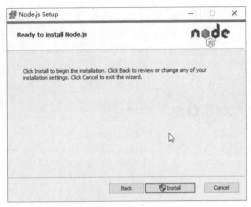
图 1-12　Node.js 的安装（6）

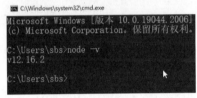
图 1-13　检查 Node.js 的安装

图 1-14　检查 npm 的安装

1.3.2　Visual Studio Code 的安装

Visual Studio Code（简称 VS Code）是 Microsoft 公司于 2015 年发布的一款免费的跨平台集成开发环境，可以运行于 Windows、Linux、Mac OS 等操作系统上。该款编辑器具有热键绑定、语法高亮、括号匹配等特性，同时匹配了丰富的组合键如 Ctrl+K+S 为打开快捷键窗口，Ctrl+K+F 为放大视图等。想要使用这款便捷的编程软件，首先需要将其安装到操作系统中，具体安装步骤如下：

（1）在浏览器中输入网址 *https:code.visualstudio.com/*，打开 Visual Studio Code 的官网，如图 1-15 所示。

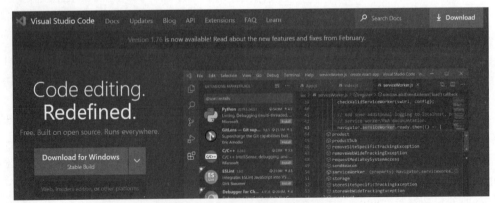
图 1-15　Visual Studio Code 的搜索

（2）根据操作系统下载对应的 Visual Studio Code 安装包，这里下载的是 Windows 系统的安装包，如图 1-16 所示。

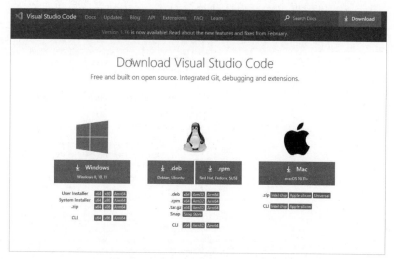

图 1-16　Visual Studio Code 的下载

（3）开始安装。

①双击下载好的安装包，进行安装，如图 1-17 所示。

图 1-17　Visual Studio Code 的安装包

②打开安装界面，选择［我同意此协议］单选按钮，单击"下一步"按钮，如图 1-18 所示。

③选择安装路径（建议安装到 D 盘），选择完成后单击"下一步"按钮，如图 1-19 所示。

图 1-18　Visual Studio Code 的安装流程（1）

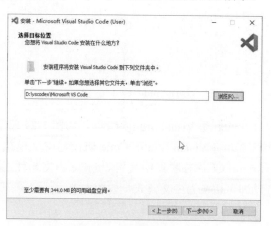

图 1-19　Visual Studio Code 的安装流程（2）

④选择开始菜单文件夹（默认即可，也可以选择不创建开始文件夹），选择完成后单击"下一步"按钮，如图1-20所示。

⑤选择附加任务（可根据个人需求选择是否勾选），选择完成后单击"下一步"按钮，如图1-21所示。

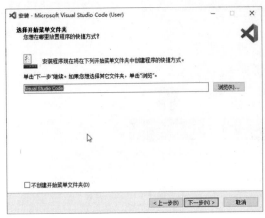 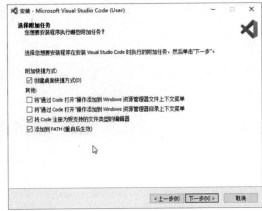

图1-20　Visual Studio Code的安装流程（3）　　　图1-21　Visual Studio Code的安装流程（4）

⑥配置完成后单击"安装"按钮，如需修改之前的配置，可以单击"上一步"按钮重新配置，如图1-22所示。

⑦单击"安装"按钮，如图1-23所示。

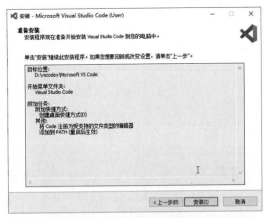 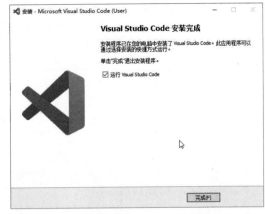

图1-22　Visual Studio Code的安装流程（5）　　　图1-23　Visual Studio Code的安装流程（6）

⑧启动Visual Studio Code，如图1-24所示。

⑨将Visual Studio Code切换为中文模式（根据个人需求选择是否切换），打开Visual Studio Code在扩展中搜索chinese中文插件，单击Install按钮开始安装，安装成功后重新启动即可切换为中文模式，如图1-25所示。

第 1 章　认识 TypeScript

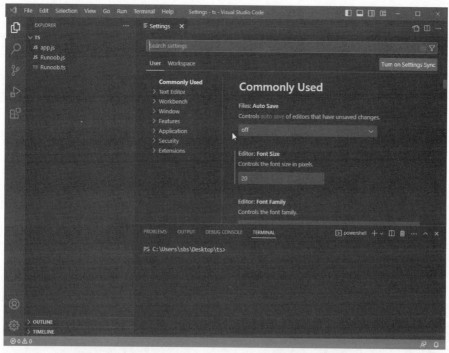

图 1-24　Visual Studio Code 的安装流程（7）

图 1-25　Visual Studio Code 的安装流程（8）

1.4 第一个 TypeScript 程序

想要快速掌握一门编程语言的最快方式就是使用它来编写代码，接下来将使用 Visual Studio Code 编写一个简单的 TypeScript 实例。

【例 1-1】编写一个 TypeScript，在控制台输出"Hello TypeScript！"。

步骤 1：新建一个文件夹并命名为 TypeScript，然后在 Visual Studio Code 中选择"文件"→"打开文件夹"命令，打开新建的 TypeScript 文件夹，如图 1-26 所示。

步骤 2：在 TypeScript 文件夹下新建文件 HelloTypeScript.ts，如图 1-27 所示。

图 1-26 打开 TypeScript 文件夹

图 1-27 新建 HelloTypeScript.ts 文件

步骤 3：在 HelloTypeScript.ts 中输入代码。

例 1-1 第一个 TypeScript 程序

```typescript
// 声明一个变量hello并赋值为"Hello TypeScript!"
const hello : string = "Hello TypeScript!"
// 在控制台中打印
console.log(hello)
```

图 1-28 打开 Visual Studio Code 的终端

步骤 4：单击切换面板，也可以使用快捷键 Ctrl+J，打开 Visual Studio Code 的终端，如图 1-28 所示。

步骤 5：在终端中输入命令 tsc HelloTypeScript.ts，按 Enter 键运行，如图 1-29 所示。

图 1-29 输入命令 tsc HelloTypeScript.ts

步骤 6：此时会在 TypeScript 文件夹下生成一个名称为 HelloTypeScript.js 的文件，如图 1-30 所示。

图 1-30　生成 HelloTypeScript.js 文件

步骤 7：在终端中输入命令 node HelloTypeScript.js，按 Enter 键运行，返回"Hello TypeScript！"，说明程序执行成功，如图 1-31 所示。

图 1-31　执行结果

1.5　就业面试技巧与解析

本章主要讲解了 TypeScript 与 JavaScript 的区别、TypeScript 相对于 JavaScript 的优势，node.js 和 Visual Studio Code 的安装，以及第一个 TypeScript 程序的开发。通过上面的讲解，相信大家都已熟练掌握。这些知识在面试中常以下面的形式体现。

1.5.1　面试技巧与解析（一）

面试官：TypeScript 与 JavaScript 的关系是怎样的？

应聘者：TypeScript 是 JavaScript 的超集。TypeScript 是在 JavaScript 的基础上添加类型系统而形成的一门强类型语言，且 TypeScript 是完全兼容 JavaScript 的。

1.5.2　面试技巧与解析（二）

面试官：相比 JavaScript，TypeScript 为前端开发带来了哪些好处？

应聘者：TypeScript 是一门强类型语言，可以使代码中的类型错误更早暴露，相比 JavaScript 提高了代码的可读性和可维护性，且 TypeScript 支持分模块开发，在开发大型项目时可以更好地进行分工协作。

第 2 章
TypeScript基本语法

本章概述

每种语言都定义了自己的语法规范,TypeScript 语言也是一样的。一个 TypeScript 程序主要由变量、函数、语法和表达式、模块、注释组成。TypeScript 是一门面向对象的编程语言,因此它也遵循面向对象的原则。本章将讲解 TypeScript 的基本语法。

知识导读

本章要点(已掌握的在方框中打钩)
- □ TypeScript 编程术语。
- □ TypeScript 基本语法。
- □ TypeScript 数据类型。
- □ TypeScript 运算符。
- □ TypeScript 控制语句。

2.1 TypeScript 编程术语

作为一门编程语言,需要满足一套语言描述规则,同大多数语言一样,TypeScript 也有在编程过程中制定的编程规范。在 TypeScript 中常用的编程术语有标识符、数据类型、变量和参数、函数和方法、表达式和语句等。

1. 标识符

标识符是对变量、方法、数组、类赋予名称,在声明标识符时要遵循如下规则:
(1) 标识符不能以数字开头。
(2) 标识符不能使用关键字。
(3) 标识符中不能包含空格。
(4) 标识符中除 _ 和 $ 外,不能使用其他符号。

TypeScript 标识符示例如表 2-1 所示。

表 2-1 TypeScript 标识符示例

有 效	无 效
identifier	0identifier
oneAny	any.
$identifier	#identifier
_identifier	Ide ntifier

2. 数据类型

TypeScript 是一门强类型的编程语言，可以声明具有数据类型的变量。TypeScript 的数据类型如表 2-2 所示。

表 2-2 TypeScript 的数据类型

关 键 字	数据类型	是否为原始数据类型
boolean	布尔类型	是
number	数字类型	是
string	字符串类型	是
array	数组类型	否
无	元组类型	否
enum	枚举类型	否
any	任意类型	否
void	void	否
undefined	undefined	是
null	null	是
never	never	否

提示：字符串类型的 string 首字母是小写的。

3. 变量和参数

参数是针对函数调用而言的，是函数的补充成分，分为形参和实参，一般用于方法内的传递参数。变量是在程序运行中允许改变的量。每个变量都有一个唯一的名字，又称标识符。变量的值可以在程序的执行过程中改变，因此，在程序中大部分使用变量来存储操作数据。在 TypeScript 中声明一个变量时需要给这个变量指定类型。

4. 函数和方法

函数是以 function 开头的一段代码，可以通过函数的名称调用。函数可以接收一些参数并返回，也可以没有返回值。方法是一种特殊的函数，通过对象来调用 TypeScript 函数。TypeScript 支持 JavaScript 所有的函数语法。相比 JavaScript，TypeScript 新增了数据类型和函数重载等新特性。函数是程序中必不可少的一部分，它使我们可以重用一些代码。使用函数可以大大提高代码的重用性。

例 2-1　TypeScript 的函数示例

```
// 声明一个函数
function example(a:number,b:number):number{
return a + b;// 返回 a 和 b 的和
}
// 调用函数并传参
let c:number = example(3,4);
// 打印结果
console.log(" 运行结果为: "+ c);
```

在终端中输入 tsc 指令后可以得到 JavaScript 代码。

例 2-2　TypeScript 的函数示例编译的 JavaScript 代码

```
// 声明一个函数
function example(a, b) {
    return a + b; // 返回 a 和 b 的和
}
// 调用函数并传参
var c = example(3, 4);
// 打印结果
console.log(" 运行结果为: "+ c);
```

函数运行结果如图 2-1 所示。

5. 表达式和语句

表达式和语句的区分对于编码来说是非常重要的，每个 TypeScript 程序都是由一个或多个语句组成的。每条语句都是一条指令，而表达式从本质上来讲是生成的一段代码，通常放在语句的插槽内，成为语句的一部分。

图 2-1　函数运行结果

（1）表达式：TypeScript 的常用表达式有箭头表达式、数组析构表达式等。
（2）语句：TypeScript 的常用语句有判断语句（if、else）、循环语句（for）等。

2.2　TypeScript 基本语法

TypeScript 基本语法如下。
1. 注释语法
TypeScript 的注释语法类似于 Java、JavaScript 等语言，也支持单行注释和多行注释，注释中的字符会被 TypeScript 的编译器忽略。

例 2-3　TypeScript 的注释示例

```
/**
 * 第一个 TypeScript 程序
 * 这是一个多行注释的实例
 */
var msg:string = "Hello TypeScript";
// 在控制台打印，这是一个单行注释的实例
/* 这也是一个单行注释的实例 */
console.log(msg);
```

2. 区分大小写

TypeScript 对字母大小写敏感，因此，在声明和使用一些关键字、函数、变量时要严格区分字母的大小写。例如，name 和 Name 就是两个不同的变量。在 TypeScript 中一般使用小写字母定义参数的类型。

例 2-4　TypeScript 区分大小写的示例

```
// 声明变量（正确）
var msg:number = 123;
// 声明变量（错误）
var msg1:Number = 123;
// 在控制台打印
console.log(msg);
```

3. 保留字

TypeScript 的保留字是为以后版本升级预留的关键字，不可以作为标识符使用。TypeScript 的保留字如表 2-3 所示。

表 2-3　TypeScript 的保留字

break	as	catch	switch	package
case	if	throw	else	implements
var	number	string	get	interface
module	type	instanceof	typeof	function
public	private	enum	export	do
finally	for	while	void	try
null	super	this	new	yield
in	return	true	false	const
any	extends	static	let	continue

4. 语句用";"分隔

在 TypeScript 程序中，每条指令都是一个语句，和 JavaScript 代码相同，分号在 TypeScript 代码中是可选的，可以使用或不使用。但是考虑到代码的可读性和浏览器的兼容性，建议在

每条语句结束时都添加分号。

例2-5 TypeScript语句中分号使用的示例

```
// 这条语句是合法的
var msg:number = 123;
// 这条语句也是合法的
var msg1:number = 123
// 在控制台打印
console.log(msg);
console.log(msg1);
```

5. 文件扩展名为 .ts

文件名可以分为两部分，一部分为文件名，另一部分为定义文件类型的扩展名。在系统中可以通过文件的扩展名来区分文件的种类和用途，如JavaScript文件的扩展名为.js，TypeScript的扩展名为.ts，如图2-2所示。

图2-2 TypeScript的扩展名

6. 变量声明

变量是在程序运行中允许改变的量，在使用变量之前需要先声明变量。变量的名称可以包含字母和数字，但是不能以数字开头，除了可以包含下画线和美元符号，不能包含其他特殊字符。

（1）变量的声明方式。可以通过var、let、const来声明变量，其中let和const能够声明具有块级作用域的变量，变量的声明方式有4种，如表2-4所示。

表2-4 变量的声明方式

声明方式	例子	说明
var [变量名] : [类型] = 值;	var msg: msg = "Hello";	类型为string，值为Hello
var [变量名] : [类型];	var msg:string;	类型为string，值为undefined
var [变量名] = 值;	var msg = "Hello";	类型为任意类型，值为Hello
var [变量名];	var msg;	类型为任意类型，值为undefined

例2-6 声明变量的示例代码

```
// 声明一个变量 userName，类型为 string，值为小明
var userName: string = '小明';
// 声明一个变量 score1，类型为 number，值为 80
var score1: number = 80;
var score2: number = 90;
var score3: number = 100;
// 计算 score1、score2、score3 的和并赋值给 score
var score: number = score1 + score2 + score3;
console.log("姓名："+ userName);
console.log("总成绩："+ score);
```

在终端中输入tsc指令后可以得到JavaScript代码。

例 2-7　声明变量示例代码编译的 JavaScript 代码

```
// 声明一个变量 userName，类型为 string，值为小明
var userName = "小明";
// 声明一个变量 score1，类型为 number，值为 80
var score1 = 80;
var score2 = 90;
var score3 = 100;
// 计算 score1、score2、score3 的和并赋值给 score
var score = score1 + score2 + score3;
console.log("姓名: " + userName);
console.log("总成绩: " + score);
```

声明变量示例代码的运行结果如图 2-3 所示。

（2）变量的作用域。变量的作用域由定义变量的位置决定，而在程序中一个变量的可使用范围由它的作用域决定。TypeScript 的作用域可分为全局作用域（定义在程序结构的外部，可以在任意位置使用）、类作用域（在类中声明，但是在类方法的外面，通过类的对象访问，当类变量为静

图 2-3　声明变量示例代码的运行结果

态变量时，可以通过类名直接访问）和局部作用域（只能在声明它的代码块中使用，例如，在一个方法中声明，那么这个变量只能在这个方法中使用）。

例 2-8　变量作用域的示例代码

```
// 全局变量
var global_variable: number = 12;
class classVariable {
    // 实例变量
    example_variable: number = 13;
    // 静态变量
    static static_variable: number = 14;
    storeNum():void {
        // 局部变量
        var local_variable: number = 15;
        console.log("我是局部变量: " + local_variable);
    }
}
console.log("我是全局变量: " + global_variable);
var obj = new classVariable();
console.log("我是实例变量: " + obj.example_variable);
console.log("我是静态变量: " + classVariable.static_variable);
// 调用 storeNum 方法
obj.storeNum();
```

在终端中输入 tsc 指令后可以得到 JavaScript 代码。

例2-9 变量作用域示例代码编译的JavaScript代码

```javascript
// 全局变量
var global_variable = 12;
var classVariable = /** @class */ (function () {
    function classVariable() {
        // 实例变量
        this.example_variable = 13;
    }
    classVariable.prototype.storeNum = function () {
        // 局部变量
        var local_variable = 15;
        console.log("我是局部变量:" + local_variable);
    };
    // 静态变量
    classVariable.static_variable = 14;
    return classVariable;
}());
console.log("我是全局变量:" + global_variable);
var obj = new classVariable();
console.log("我是实例变量:" + obj.example_variable);
console.log("我是静态变量:" + classVariable.static_variable);
// 调用 storeNum 方法
obj.storeNum();
```

变量作用域示例代码的运行结果如图2-4所示。

图2-4 变量作用域示例代码的运行结果

7. 异常处理

TypeScript通过关键字throw来抛出异常,然后通过try/catch块来捕获异常。TypeScript中常出现的异常类型如表2-5所示。

表2-5 异常类型

异常类型	说 明
RangeError	字符类型的数据超出最大范围
ReferenceError	引用的数据无效
SyntaxError	解析无效
TypeError	变量或参数不是有效类型
URLError	传入无效参数至encodeURI()和decodeURI()

2.3 TypeScript 数据类型

为了使代码更加规范，提高代码的可读性，TypeScript 主要提供了以下几种数据类型：数字类型、字符串类型、布尔类型、未定义类型和空类型、枚举类型、任意值类型、数组类型、元组类型、never 类型、Symbol 类型，以及字面量类型、联合类型、类型断言。

2.3.1 数字类型

在 TypeScript 中，数字类型表示一个数字，类型注解为 number，这个数字可以是正数、负数、整数、小数等。在 TypeScript 中只有一种数字类型，用双精度 64 位的浮点数表示，其中符号占 1 位，指数占 11 位，小数占 52 位，且支持二进制、八进制、十进制、十六进制，如 5、-2、3.2 等。

例 2-10 数字类型的示例代码

```
//数字类型
var num:number = 123;
num = 222;              // 正确
num = 12.3;             // 正确
num = -123;             // 正确
//num = '123'           // 错误
```

2.3.2 字符串类型

在 TypeScript 中字符串类型用于表示文本信息。一个字符串是由零个或多个字符拼接而成的，字符可以是文字、数字、字母、标点等，如 '小明'、'name'、'name1' 等。字符串需要放在单引号、双引号，或者反引号内（定义内嵌表达式或多行文本时使用），定义常用文本时建议使用单引号。

例 2-11 字符串类型的示例代码

```
//字符串类型
var str:string = 'Hello';
str = 'Hello1';         // 正确
str = "Hello2";         // 正确
//str = 1;              // 错误
//str = true;           // 错误
```

1. 字符串拼接

如果将一个加号用于数字类型，则是将数字类型的值相加。如果将加号用于字符串类型，则是将字符串进行拼接，将加号后面的字符串拼接到加号之前的字符串之后，形成一个新的字符串。

例 2-12　字符串拼接的示例代码

```
// 字符串拼接
var str:string = 'Hello';
str = str + 'TypeScript';
console.log(" 运行结果为：" + str);
```

在终端中输入 tsc 指令后可以得到 JavaScript 代码。

例 2-13　字符串拼接示例代码编译的 JavaScript 代码

```
// 字符串拼接
var str = 'Hello';
str = str + 'TypeScript';
console.log(" 运行结果为：" + str);
```

运行此代码得到如图 2-5 所示的结果。

图 2-5　字符串拼接示例代码的运行结果

2. 获取字符串的长度

每个字符串都有长度，也就是它包含的字符的数量，可以通过 length 属性获取字符串的长度。

例 2-14　获取字符串长度的示例代码

```
// 获取字符串的长度
var str:string = 'Hello';
console.log(" 字符串的长度为：" + str.length);
```

在终端中输入 tsc 指令后可以得到 JavaScript 代码。

例 2-15　获取字符串长度示例代码编译的 JavaScript 代码

```
// 获取字符串的长度
var str = 'Hello';
console.log(" 字符串的长度为：" + str.length);
```

运行此代码得到如图 2-6 所示的结果。

图 2-6　获取字符串长度示例代码的运行结果

3. 大小写转换

在 TypeScript 中可以通过 toLowerCase()、str.toUpperCase()、str.toLocaleLowerCase()、str.toLocaleUpperCase() 等方法转换字符串中字母的大小写。

例 2-16　大小写转换的示例代码

```
// 转换字符串中字母的大小写
var str:string = 'Hello';
console.log("正常显示为：" + str);
console.log("以小写方式展示：" + str.toLowerCase());
console.log("以大写方式展示：" + str.toUpperCase());
console.log("以本地方式将字符串转化为小写：" + str.toLocaleLowerCase());
console.log("以本地方式将字符串转化为大写：" + str.toLocaleUpperCase());
```

在终端中输入 tsc 指令后可以得到 JavaScript 代码。

例 2-17　大小写转换示例代码编译的 JavaScript 代码

```
// 修改字符串中字母的大小写
var str = 'Hello';
console.log("正常显示为：" + str);
console.log("以小写方式展示：" + str.toLowerCase());
console.log("以大写方式展示：" + str.toUpperCase());
console.log("以本地方式将字符串转化为小写：" + str.toLocaleLowerCase());
console.log("以本地方式将字符串转化为大写：" + str.toLocaleUpperCase());
```

运行此代码得到如图 2-7 所示的结果。

图 2-7　大小写转换示例代码的运行结果

2.3.3　布尔类型

在 TypeScript 中，布尔类型用来表示真假，类型注解为 boolean。在数据类型中数值类型和字符转类型的值可能会有无穷个，但是布尔类型的值只有两个，这两个值分别为 true 和 false，其中 true 表示真，false 表示假。

例 2-18　布尔类型的示例代码

```
// 布尔类型
var bool:boolean = true;
bool = false;              // 正确
//bool = 1;                // 错误
//num = '123';             // 错误
```

2.3.4 未定义类型和空类型

在 TypeScript 中，未定义类型用来表示还没有赋值的变量或赋予了一个不存在的属性值的变量，它没有值。空用来表示一个变量赋予的值为空，它是有值的，只是值为空。undefined 和 null 都只有一个值，那就是它本身。

例 2-19　未定义类型和空类型的示例代码

```
// 未定义变量
var u: undefined;
// 空变量
var n: null = null;
```

2.3.5 枚举类型

在 TypeScript 中，枚举类型用于数值集合，类型注解为 enum，它是对 JavaScript 的标准数据类型的补充，可以为一组数值赋予一个新的名字。TypeScript 中的枚举可以分为数字枚举、字符串枚举和异构枚举。使用枚举可以大大减少代码的编译时间和运行时间，同时可以使代码变得更加整洁清晰。

1. 数字枚举

使用关键字 enum 定义一个枚举类型，其中的字段以逗号分隔。

例 2-20　枚举类型的示例代码

```
// 数字枚举
enum num { One, Two, Three }
// 打印结果
console.log(num)
```

在终端中输入 tsc 指令后可以得到 JavaScript 代码。

例 2-21　枚举类型示例代码编译的 JavaScript 代码

```
// 数字枚举
var num;
(function (num) {
    num[num["One"] = 0] = "One";
    num[num["Two"] = 1] = "Two";
    num[num["Three"] = 2] = "Three";
})(num || (num = {}));
// 打印结果
console.log(num);
```

运行此代码得到如图 2-8 所示的结果。

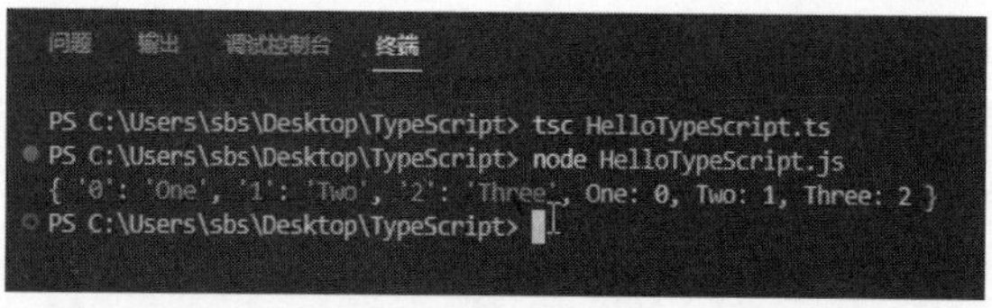

图 2-8　枚举类型示例代码的运行结果

说明：第一个枚举成员的值默认为 0，之后枚举成员的值依次加 1。

2. 自定义枚举

添加枚举中的成员时可以为成员赋值，当对成员赋值后，其余成员会在它的基础上依次加 1。数字枚举中的值和名称是双向绑定的，因此，可以根据成员变量的值获取成员变量的名称。

例 2-22　自定义枚举类型的示例代码

```
// 自定义枚举
enum num { One = 3, Two, Three }
// 打印结果
console.log(num)
  // 获取值为 3 的成员名称
let onerName: string = num[3];
console.log(onerName)
```

在终端中输入 tsc 指令后可以得到 JavaScript 代码。

例 2-23　自定义枚举类型示例代码编译的 JavaScript 代码

```
// 自定义枚举
var num;
(function (num) {
   num[num["One"] = 3] = "One";
   num[num["Two"] = 4] = "Two";
   num[num["Three"] = 5] = "Three";
})(num || (num = {}));
// 打印结果
console.log(num);
// 获取值为 3 的成员名称
var onerName = num[3];
console.log(onerName);
```

运行此代码得到如图 2-9 所示的结果。

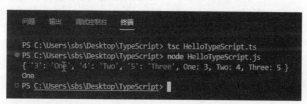

图 2-9　自定义枚举类型示例代码的运行结果

3. 常量枚举

通过在关键字 enum 之前添加修饰符 const，const 修饰符会在编译阶段被移除，使用常量枚举可以大大提高数值枚举的性能。

例 2-24　常量枚举类型的示例代码

```
// 常量枚举
const enum num { One, Two, Three }
```

4. 计算枚举

数值枚举中成员的值可以是常量，也可以是表达式，当成员的值为表达式时，通过计算表达式所得到的结果，对枚举中的成员赋初始值。

例 2-25　计算枚举类型的示例代码

```
// 计算枚举
enum num { One = getNum(1), Two = One * 2}
function getNum(n: number): number {
    return 3 * n
}
// 打印结果
console.log(" 运行结果为 :" + num.One);
console.log(" 运行结果为 :" + num.Two);
```

在终端中输入 tsc 指令后可以得到 JavaScript 代码。

例 2-26　计算枚举类型示例代码编译的 JavaScript 代码

```
// 计算枚举
var num;
(function (num) {
    num[num["One"] = getNum(1)] = "One";
    num[num["Two"] = num.One * 2] = "Two";
})(num || (num = {}));
function getNum(n) {
    return 3 * n;
}
// 打印结果
console.log(" 运行结果为 :" + num.One);
console.log(" 运行结果为 :" + num.Two);
```

运行此代码得到如图 2-10 所示的结果。

图 2-10　计算枚举类型示例代码的运行结果

5. 字符串枚举

字符串枚举和数字枚举的最大不同在于，字符串枚举无法双向绑定，不可以通过枚举成员的值获取枚举成员的名称。

例 2-27　字符串枚举类型的示例代码

```
// 字符串枚举
enum num { One = '小明', Two = '小红' }
// 打印结果
console.log(num);
```

在终端中输入 tsc 指令后可以得到 JavaScript 代码。

例 2-28　字符串枚举类型示例代码编译的 JavaScript 代码

```
// 字符串枚举
var num;
(function (num) {
   num["One"] = "\u5C0F\u660E";
   num["Two"] = "\u5C0F\u7EA2";
})(num || (num = {}));
// 打印结果
console.log(num);
```

运行此代码得到如图 2-11 所示的结果。

图 2-11　字符串枚举类型示例代码的运行结果

6. 异构枚举

当一个枚举中的成员类别既有数字类型又有字符串类型时，称为异构枚举。

例 2-29　异构枚举类型的示例代码

```
// 异构枚举
enum num { One = '小明', Two = 123 }
// 打印结果
console.log(num)
```

在终端中输入 tsc 指令后可以得到 JavaScript 代码。

例 2-30　异构枚举类型示例代码编译的 JavaScript 代码

```
// 异构枚举
var num;
(function (num) {
   num["One"] = "\u5C0F\u660E";
   num[num["Two"] = 123] = "Two";
```

```
})(num || (num = {}));
// 打印结果
console.log(num);
```

运行此代码得到如图 2-12 所示的结果。

```
PS C:\Users\sbs\Desktop\TypeScript> tsc HelloTypeScript.ts
PS C:\Users\sbs\Desktop\TypeScript> node HelloTypeScript.js
{ '123': 'Two', One: '小明', Two: 123 }
PS C:\Users\sbs\Desktop\TypeScript>
```

图 2-12　异构枚举类型示例代码的运行结果

2.3.6　任意值类型

在 TypeScript 中，任意值类型是在一些不明确类型的变量中使用的，其类型注解为 any。any 类型通常用于变量的值是动态改变时、改写已有的代码时和定义需要存储各种类型的数组时。

例 2-31　任意值类型的示例代码

```
// 任意值类型
let a: any = 1;                                      // 数字类型
a = 'Hello TypeScript';                              // 字符串类型
a = true;                                            // 布尔类型
let arrayList: any[] = [1, true, 'hello'];           // 数组
```

2.3.7　数组类型

在 TypeScript 中，数组类型用来存储多个数据的集合，可以将一些无序的数据有序地排列起来。数组中的元素可以是任意类型的值，想要获取数组中的值时，可以通过索引访问，索引值从 0 开始，当访问的索引值不存在时，返回的值为 undefined。数组长度用来表示一个数组中可以存放多少个元素，可以通过 undefined 属性获取数组的长度。

在 TypeScript 中，声明数组类型的方式有两种：一种是以字面量的方式声明，另一种是以泛型的方式声明。

例 2-32　数组类型的示例代码

```
// 字面量方式声明数组
let myArr1: string[] = ['hello', 'TypeScript'];
let myArr2: number[] = [1,2];
// 泛型方式声明数组
let myArr3: Array<string | number> = ['hello', 1];
console.log("运行结果为：" + myArr1);
```

```
console.log(" 运行结果为: " + myArr2);
console.log(" 运行结果为: " + myArr3);
```

在终端中输入 tsc 指令后可以得到 JavaScript 代码。

例 2-33　数组类型示例代码编译的 JavaScript 代码

```
// 字面量方式声明数组
var myArr1 = ['hello', 'TypeScript'];
var myArr2 = [1, 2];
// 泛型方式声明数组
var myArr3 = ['hello', 1];
console.log(" 运行结果为: " + myArr1);
console.log(" 运行结果为: " + myArr2);
console.log(" 运行结果为: " + myArr3);
```

运行此代码得到如图 2-13 所示的结果。

图 2-13　数组类型示例代码的运行结果

泛型数组：声明泛型数组的方式有两种，一种是使用 Array<> 声明，它修饰的数组内的数据是可以修改的。另一种是使用 ReadonlyArray<> 声明，它修饰的数组内的数据是不可以修改的，但可以将 Array<> 类型的值赋给 ReadonlyArray<> 类型，其中 ReadonlyArray<> 还提供了一种简写的声明方式，通过 readonly Type[] 声明。

例 2-34　泛型数组类型的示例代码

```
//声明泛型数组
let myArr1: Array<string> = [' 小明 ', ' 小红 '];
myArr1[0] = ' 小刚 ';
let myArr2: ReadonlyArray<string> = [' 白色 ', ' 红色 '];
//myArr2[0] = ' 白色 ';   // 编译报错
console.log(myArr1);
console.log(myArr2);
// 将 myArr1 的值赋给 myArr2
myArr2 = myArr1;
console.log(myArr2);
```

在终端中输入 tsc 指令后可以得到 JavaScript 代码。

例 2-35　泛型数组类型示例代码编译的 JavaScript 代码

```
//声明泛型数组
var myArr1 = [' 小明 ', ' 小红 '];
myArr1[0] = ' 小刚 ';
var myArr2 = [' 白色 ', ' 红色 '];
```

```
//myArr2[0] = '白色';    // 编译报错
console.log(myArr1);
console.log(myArr2);
// 将 myArr1 的值赋给 myArr2
myArr2 = myArr1;
console.log(myArr2);
```

运行此代码得到如图 2-14 所示的结果。

图 2-14　泛型数组类型示例代码的运行结果

2.3.8　元组类型

在 TypeScript 中，元组类型也可以理解为一种 Array 类型，其类型注解为 tuple。元组类型和 Array 类型最大的区别在于，元组类型明确指出了数组中包含多少种类型，包含多少个元素，以及每个元素所在的位置。

例 2-36　元组类型的示例代码

```
// 元组类型
let x: [string, number];
x = ['hello', 10];
// x = [10, 'hello'];  // 编译错误
console.log(x);
console.log(" 获取第一个元素 :"+x[0]);
// 当访问的索引超过元组长度时，编译错误
//console.log(" 获取第一个元素 :"+x[3]);
```

在终端中输入 tsc 指令后可以得到 JavaScript 代码。

例 2-37　元组类型示例代码编译的 JavaScript 代码

```
// 元组类型
var x;
x = ['hello', 10];
// x = [10, 'hello'];  // 编译错误
console.log(x);
console.log(" 获取第一个元素 :" + x[0]);
// 当访问的索引超过元组长度时，编译错误
//console.log(" 获取第一个元素 :"+x[3]);
```

运行此代码得到如图 2-15 所示的结果。

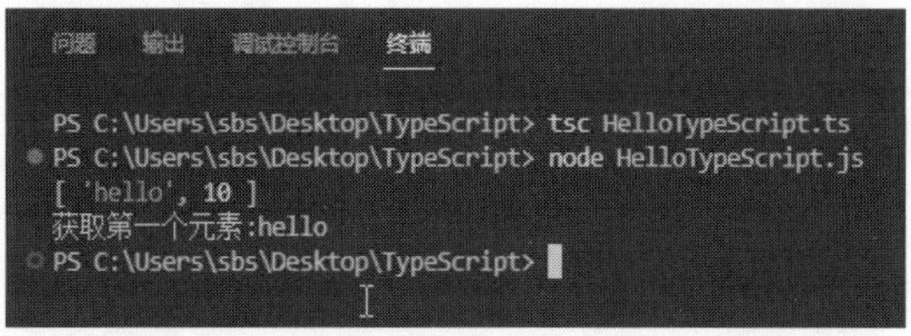

图 2-15 元组类型示例代码的运行结果

可选元素类型：在一个元素类型后面添加问号（?）用来表示当前元素是可选的，可选元素必须在必填元素之后。

例 2-38 元组可选元素类型的示例代码

```
// 元组的可选元素
let x: [string, number?];
x = ['a'];
console.log(x);
x = ['a', 1];
console.log(x);
```

在终端中输入 tsc 指令后可以得到 JavaScript 代码。

例 2-39 元组可选元素类型示例代码编译的 JavaScript 代码

```
// 元组的可选元素
var x;
x = ['a'];
console.log(x);
x = ['a', 1];
console.log(x);
```

运行此代码得到如图 2-16 所示的结果。

图 2-16 元组可选元素类型示例代码的运行结果

2.3.9 never 类型

在 TypeScript 中，never 类型用来表示一个永远不会有值的类型，通常用于抛出异常和一些没有返回值的函数。

例 2-40 never 类型的示例代码

```
//never 类型示例
```

```
let x: never;
// x = 123; // 编译错误
//编译正确，赋值为异常
x = (()=>{ throw new Error('异常')})();
//编译正确，返回结果为异常
// function error(message: string): never {
//     throw new Error(message);
// }
```

在终端中输入 tsc 指令后可以得到 JavaScript 代码。

例 2-41　never 类型示例代码编译的 JavaScript 代码

```
//never 类型示例
var x;
// x = 123; // 编译错误
//编译正确，赋值为异常
x = (function () { throw new Error('异常'); })();
//编译正确，返回结果为异常
// function error(message: string): never {
//     throw new Error(message);
// }
```

运行此代码得到如图 2-17 所示的结果。

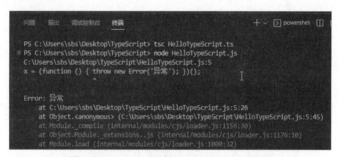

图 2-17　never 类型示例代码的运行结果

2.3.10　Symbol 类型

Symbol 是一种新的原生类型，它的值是通过构造函数来创建的，因为内存地址的指针不同，所以 Symbol 类型的值具有唯一的特性，即使是两个完全相等的参数，Symbol 类型的值也是不相等的，并且只支持 string 和 number 两种类型的参数。

例 2-42　Symbol 类型的示例代码

```
// 创建一个 Symbol 类型的变量
let sym = Symbol()
// 用作对象属性的键
let obj = {
```

```
    [sym]: "hello world"
}
// 获取对象的属性
console.log(obj[sym])
```

提示：Symbol 是在 2015 年之后推出的新类型，之前的 TypeScript 版本无法使用。如果编译成 JavaScript 代码时报错（报错信息如图 2-18 所示），可以使用 tsc xxx.ts --target es6 指令编译。

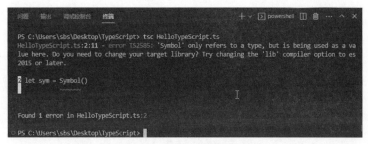

图 2-18　报错信息

在终端中输入 tsc 指令后可以得到 JavaScript 代码。

例 2-43　Symbol 类型示例代码编译的 JavaScript 代码

```
// 创建一个 Symbol 类型的变量
let sym = Symbol();
// 用作对象属性的键
let obj = {
    [sym]: "hello world"
};
// 获取对象的属性
console.log(obj[sym]);
```

运行此代码得到如图 2-19 所示的结果。

图 2-19　Symbol 类型示例代码的运行结果

当一个对象中有多个 Symbol 定义的属性时，就需要通过遍历来获取了，但是无法通过 for in、Object.keys、getOwnPropertyNames、JSON.stringfy 等方式来获取。

例 2-44　遍历 Symbol 的示例代码

```
let sym1 = Symbol('a')
let sym2 = Symbol('b')
const obj = {
```

```
    [sym1]: 'one',
    [sym2]: 'two',
    a: 1,
}
// 获取 Symbol 属性的数据
console.log(Object.getOwnPropertySymbols(obj));
// 获取全部数据
console.log(Reflect.ownKeys(obj));
```

在终端中输入 tsc 指令后可以得到 JavaScript 代码。

例 2-45　遍历 Symbol 示例代码编译的 JavaScript 代码

```
let sym1 = Symbol('a');
let sym2 = Symbol('b');
const obj = {
    [sym1]: 'one',
    [sym2]: 'two',
    a: 1,
};
// 获取 Symbol 属性的数据
console.log(Object.getOwnPropertySymbols(obj));
// 获取全部数据
console.log(Reflect.ownKeys(obj));
```

运行此代码得到如图 2-20 所示的结果。

图 2-20　遍历 Symbol 示例代码的运行结果

2.3.11　字面量类型、联合类型、类型断言

在 TypeScript 中，字面量类型就是直接写出一个值，将它赋值给变量，主要分为数字类型的字面量、字符串类型的字面量、布尔类型的字面量、对象类型的字面量和枚举类型的字面量。联合类型主要实现一个变量的值有多个类型的情况，多个类型之间用竖线（|）分隔。类型断言也称类型适配，主要功能是将一个变量的类型断言为另一个类型，通过 as 关键字来声明断言的类型。

1. 字面量类型

通过等号（=）将值赋给变量。

例 2-46　字面量类型的示例代码

```
// 数字字面量类型
const num = 1;
// 字符串字面量类型
const str = "小明";
// 布尔字面量类型
const flag = true;
// 对象字面量类型
const obj = { name: "小明", age: 3 };
```

2. 联合类型

当一个值可能有多个类型时，可以通过联合类型实现。

例 2-47　联合类型的示例代码

```
// 联合类型示例
let unite: number|string;
unite = 1;
console.log(unite);
unite = 'hello';
console.log(unite);
```

在终端中输入 tsc 指令后可以得到 JavaScript 代码。

例 2-48　联合类型示例代码编译的 JavaScript 代码

```
// 联合类型示例
var unite;
unite = 1;
console.log(unite);
unite = 'hello';
console.log(unite);
```

运行此代码得到如图 2-21 所示的结果。

图 2-21　联合类型示例代码的运行结果

3. 类型断言

通过 as 关键字或者 <> 来改变一个变量的类型。

例 2-49　类型断言的示例代码

```
// 类型断言
// 声明一个任意类型的变量
```

```
let x: any = 'hello';
// 将 x 断言为 string 类型，并将字符串转换为大写
let a = (x as string).toUpperCase();
console.log(a);
// 将 x 断言为 string 类型，并将字符串转换为小写
let b = (<string>x).toLowerCase();
console.log(b);
```

在终端中输入 tsc 指令后可以得到 JavaScript 代码。

例 2-50　类型断言示例代码编译的 JavaScript 代码

```
// 类型断言
// 声明一个任意类型的变量
var x = 'hello';
// 将 x 断言为 string 类型，并将字符串转换为大写
var a = x.toUpperCase();
console.log(a);
// 将 x 断言为 string 类型，并将字符串转换为小写
var b = x.toLowerCase();
console.log(b);
```

运行此代码得到如图 2-22 所示的结果。

图 2-22　类型断言示例代码的运行结果

2.4　TypeScript 运算符

运算符是程序中必不可少的一部分，它是表达式中用于运算的符号。TypeScript 中的运算符可以分为算术运算符、逻辑运算符、关系运算符、按位运算符、赋值运算符、类型运算符等。

2.4.1　算术运算符

算数运算是比较简单的运算符，也是程序中比较常用的运算符，常应用于数字表达式中。TypeScript 的算数运算符包括加（+）、减（-）、乘（*）、除（/）、求余（%）、自增（++）、自减（--），如表 2-6 所示。

表2-6 算术运算符应用实例

运 算 符	说　　明	示例（a=10，b=20）
+	加法	a+b等于30
-	减法	b-a等于10
*	乘法	a*b等于200
/	除法	b/a等于2
%	求余	b%a等于0
++	自增	a++等于21
--	自减	a--等于19

说明：

（1）自增（++）在前时先递增再赋值，++在后时先赋值再递增。

（2）自减（--）在前时先递减再赋值，--在后时先赋值再递减。

2.4.2 逻辑运算符

逻辑运算符通常用于将运算的变量连接起来，组成一个逻辑表达式，然后判断这个逻辑表达式是否成立，成立则为true，不成立则为false。在TypeScript中，逻辑运算符有与（&&）、或（||）、非（！）3个，如表2-7所示。

表2-7 逻辑运算符应用实例

运 算 符	说　　明	示例(a为true，b为false)
&&	与，当两个操作数都为真时,结果为真	a&&b结果为false
||	或，当两个操作数有一个为真时,结果为真	a||b结果为true
!	非，如果操作数为真,结果为假	!a结果为false

2.4.3 关系运算符

关系运算符又称比较运算符，常用于两个操作数的关系运算，以确定两个操作数之间的关系。在TypeScript中，关系运算符有大于（>）、小于（<）、大于或等于（>=）、小于或等于（<=）、等于（==）、不等于（!=）6个，如表2-8所示。

表2-8 关系运算符应用实例

运 算 符	说 明	示例（a=10，b=20）
>	大于	a>b结果为false
<	小于	a<b结果为true
>=	大于或等于	a>=b结果为false
<=	小于或等于	a<=b结果为true
==	等于	a==b结果为false
!=	不等于	a!=b结果为true

2.4.4 按位运算符

位运算通常是先将操作数转换为二进制，然后进行运算，最后以十进制输出。位运算的操作数和结果都必须是整数。在TypeScript中，位运算符有按位与（&）、按位或（|）、按位异或（^）、按位取反（~）、左移（<<）、右移（>>）、无符号右移（>>>）7个，如表2-9所示。

表2-9 按位运算符应用实例

运 算 符	说 明	示例（a=10，b=20）
&	按位与	a&b结果为0
|	按位或	a|b结果为30
^	按位异或	a^b结果为30
~	按位取反	~a结果为–11
<<	左移	a<<b结果为10485760
>>	右移	a>>b结果为0
>>>	无符号右移	a>>>b结果为0

说明：

（1）按位与：两个操作数对应位的值均为1，则结果为1，否则结果为0。

（2）按位或：两个操作数对应位的值中有一个或多个为1，则结果为1，否则结果为0。

（3）按位异或：两个操作数对应位的值互不相同时，则结果为1，否则结果为0。

（4）按位非：将操作数转换为二进制后，对每一位二进制数取反。

2.4.5　赋值运算符、类型运算符

赋值运算符通常用于给变量赋值。在 TypeScript 中，赋值运算符有等于（=）、加等于（+=）、减等于（-=）、乘等于（*=）、除等于（/=）5 个。

类型运算符也就是 typeof 运算符，用于判断数据的类型。

例 2-51　类型运算符的示例代码

```
// 类型运算符示例
let a: string = "小明";
console.log(typeof(a));
```

在终端中输入 tsc 指令后可以得到 JavaScript 代码。

例 2-52　类型运算符示例代码编译的 JavaScript 代码

```
// 类型运算符示例
var a = "小明";
console.log(typeof (a));
```

运行此代码得到如图 2-23 所示的结果。

图 2-23　类型运算符示例代码的运行结果

2.5　TypeScript 控制语句

TypeScript 中有多种类型的控制语句，使用这些语句可以对程序的流程进行控制和判断。下面将详细介绍 TypeScript 控制语句中的条件语句、循环语句和跳转语句。

2.5.1　条件语句

在 TypeScript 中，条件语句是一种比较简单的结构语句，包括 if 语句、if…else 语句、if…else…if 语句及 switch…case 语句，下面将详细讲解这些语句的用法，以及各自的特点。

1. if 语句

if 语句是编码中常用的一种判断语句，通过判断条件表达式的值来判断程序的执行流程和顺序。

例 2-53　if 语句的示例代码

```
//if 语句
var num:number = 2
if (num > 0) {
   console.log("num 的值大于 0")
}
```

编译为 JavaScript 代码后运行结果如图 2-24 所示。

图 2-24　if 语句示例代码的运行结果

2. if…else 语句

当 if 子句中的条件不成立时，执行 else 子句中的语句。

例 2-54　if…else 语句的示例代码

```
//if…else 语句
var num:number = -1
if (num > 0) {
   console.log("num 的值大于 0")
}else{
   console.log("num 的值小于 0")
}
```

编译为 JavaScript 代码后运行结果如图 2-25 所示。

图 2-25　if…else 语句示例代码的运行结果

3. if…else…if 语句

if…else…if 语句称为多条件判断语句，该语句选择多个代码块之一来执行。

例 2-55　if…else…if 语句的示例代码

```
//if...else…if 语句
var num:number = -1
if (num > 1) {
   console.log("num 的值大于 1")
```

```
}else if(num < 1){
  console.log("num 的值小于 1")
}else{
  console.log("num 的值等于 1")
}
```

编译为 JavaScript 代码后运行结果如图 2-26 所示。

图 2-26　if…else…if 语句示例代码的运行结果

4. switch…case 语句

该语句用于判断一个变量与一系列值中的某个值是否相等。

例 2-56　switch…case 语句的示例代码

```
// switch…case 语句
var str:string = "B";
switch(str) {
    case "A": {
        console.log(" 优 ");
        break;
    }
    case "B": {
        console.log(" 良 ");
        break;
    }
    case "C": {
        console.log(" 及格 ");
        break;
    }
    case "D": {
        console.log(" 不及格 ");
        break;
    }
    default: {
        console.log(" 非法输入 ");
        break;
    }
}
```

编译为JavaScript代码后运行结果如图2-27所示。

图2-27　switch…case语句示例代码的运行结果

说明：当执行到break;时，switch语句会被终止。default语句修饰的代码块在所有case语句都不满足时执行。

2.5.2　循环语句

循环语句可以重复调用某一段代码，直到满足条件时退出，在开发过程中循环语句也是比较常用的语句，包括for循环语句、for…in循环语句、for…of循环语句、forEach循环语句，以及while循环语句、do…while循环语句。下面将详细介绍这些循环语句的用法。

1. for循环语句

例2-57　for循环语句的示例代码

```
let array = [1, "小明", false];
var i:number = 0;
// 通过for循环获取数组中的元素
for (i; i <array.length; i++) {
    console.log(array[i])
}
```

编译为JavaScript代码后运行结果如图2-28所示。

图2-28　for循环语句示例代码的运行结果

2. for…in循环语句

例2-58　for…in循环语句的示例代码

```
let array = [1, "小明", false];
var i:string;
// 通过for…in循环获取数组中的元素
for (i in array) {
```

```
    console.log(array[i])
}
```

编译为 JavaScript 代码后运行结果如图 2-29 所示。

图 2-29　for…in 循环语句示例代码的运行结果

3. for…of 循环语句

例 2-59　for…of 循环语句的示例代码

```
let array = [1, "小明", false];
// 通过 for...of 循环获取数组中的元素
for (let i of array) {
    console.log(i)
}
```

编译为 JavaScript 代码后运行结果如图 2-30 所示。

图 2-30　for…of 循环语句示例代码的运行结果

4. forEach 循环语句

例 2-60　forEach 循环语句的示例代码

```
let array = [1, "小明", false];
// 通过 forEach 循环获取数组中的元素
array.forEach((value, index) => {
    console.log(value);
});
```

编译为 JavaScript 代码后运行结果如图 2-31 所示。

图 2-31　forEach 循环语句示例代码的运行结果

5. while 循环语句

例 2-61　while 循环语句的示例代码

```
let num = 3
// 使用 while 循环打印出从 3 开始大于或等于 1 的数
while (num >= 1) {
    console.log(num);
    num--;
}
```

编译为 JavaScript 代码后运行结果如图 2-32 所示。

图 2-32　while 循环语句示例代码的运行结果

6. do…while 循环语句

例 2-62　do…while 循环语句的示例代码

```
let num = 3
// 使用 do…while 循环打印出从 3 开始大于或等于 1 的数
do {
    console.log(num);
    num--;
} while(num>=1);
```

编译为 JavaScript 代码后运行结果如图 2-33 所示。

图 2-33　do…while 循环语句示例代码的运行结果

2.5.3　跳转语句

如果想要在一个循环过程中跳出循环，可以使用 break 语句和 continue 语句。break 语句和 continue 语句都可以实现跳出循环的操作，区别在于 break 语句跳出循环时会直接退出所有的循环体，而 continue 语句只会终止当前迭代，不会直接跳出所有循环。

例 2-63　使用 break 跳出循环的示例代码

```
let num: number = 1
// 当num的值为3时跳出循环
while (num < 5) {
    if (num == 3) {
        break;
    }
    console.log(num);
    num++;
}
```

编译为 JavaScript 代码后运行结果如图 2-34 所示。

图 2-34　使用 break 跳出循环示例代码的运行结果

例 2-64　使用 continue 跳出循环的示例代码

```
var num: number = 0
// 输出 0 ～ 10 的奇数
for (num = 0; num <= 10; num++) {
    if (num % 2 == 0) {
        continue;
    }
    console.log(num);
}
```

编译为 JavaScript 代码后运行结果如图 2-35 所示。

图 2-35　使用 continue 跳出循环示例代码的运行结果

2.6　就业面试技巧与解析

本章主要讲解了 TypeScript 的编程术语、基本语法、数据类型、运算符和控制语句等，通过上面的讲解，相信大家都已熟练掌握。这些知识在面试中常以下面的形式体现。

2.6.1　面试技巧与解析（一）

面试官：说一说你在开发中常用的数据类型都有哪些。

应聘者：在开发中我常用的数据类型有以下几种。

（1）数字类型：用于定义整数、小数和负数等。

（2）字符串类型：用于定义一些字符。

（3）布尔类型：用于表示 true 和 false。

（4）数组类型：用于定义和存储相同类型的对象。

（5）元组类型：用于定义和存储不同类型的对象。

（6）枚举类型：常用于定义数值集合。

2.6.2　面试技巧与解析（二）

面试官：描述一下 break 和 continue 的区别。

应聘者：在 TypeScript 中，break 语句和 continue 语句都是用来跳出循环的，区别在于 break 语句的作用是立即跳出当前循环，而 continue 语句的作用是停止正在进行的循环，直接进入下一次循环。

第 3 章 TypeScript进阶

本章概述

在 TypeScript 的语言中,除了数字类型、字符串类型、布尔类型等基础数据类型外,还有条件类型、函数类型、对象类型、映射类型等高级数据类型,本章将会详细讲解 TypeScript 中的这些高级类型。

知识导读

本章要点(已掌握的在方框中打钩)
- □ 条件类型。
- □ 函数类型。
- □ 对象类型。
- □ 泛型中的 extends\keyof。
- □ 映射类型。
- □ 类型收窄。
- □ 类的使用。
- □ 抽象类。

3.1 条件类型

条件类型是在 TypeScript 2.8 版本之后引入的,它的出现使类型的定义变得更加灵活,解决了函数中接收不同类型的值,返回对应类型的问题。条件类型是一种条件表达式,可以理解为一个三元运算符,主要用于值匹配和类型匹配。

1. 值匹配
值匹配通过参数的值进行判断。

例 3-1　值匹配的示例代码

```
// 值匹配,判断两个值是否相等
type condition<X, Y> = X extends Y ? true : false;
type num = condition<10, 10>;// 相等返回 true
type str = condition<'a', 'a'>;// 不相等返回 false
```

2. 类型匹配

类型匹配是指通过参数的类型进行判断。

例 3-2　类型匹配的示例代码

```
// 类型匹配,判断传入的数据类型是否为 number,是则返回 number,否则返回 string
type condition<T> = T extends number ? number : string;
type num = condition<1>    // number;
type str = condition<'1'>  // string;
let a:num = 1;
let b:str = "1";
console.log("a 的类型为: " + typeof(a));
console.log("b 的类型为: " + typeof(b));
```

在终端中输入 tsc 指令后可以得到 JavaScript 代码。

例 3-3　类型匹配示例代码编译的 JavaScript 代码

```
var a = 1;
var b = "1";
console.log("a 的类型为: " + typeof (a));
console.log("b 的类型为: " + typeof (b));
```

运行此代码得到的结果如图 3-1 所示。

图 3-1　类型匹配示例代码的运行结果

3. 嵌套类型匹配

嵌套类型匹配是指通过参数的类型进行判断。

例 3-4　嵌套类型匹配的示例代码

```
// 嵌套类型匹配
type condition<x> =
    x extends string ? string :
    x extends number ? number :
    boolean;
type a = condition<1>;
type b = condition<"a">;
```

```
type c = condition<true>;
let aa:a = 1;
let bb:b = "a";
let cc:c = true;
console.log("aa 的类型为: " + typeof (aa));
console.log("bb 的类型为: " + typeof (bb));
console.log("cc 的类型为: " + typeof (cc));
```

在终端中输入 tsc 指令后可以得到 JavaScript 代码。

例 3-5　嵌套类型匹配示例代码编译的 JavaScript 代码

```
var aa = 1;
var bb = "a";
var cc = true;
console.log("aa 的类型为: " + typeof (aa));
console.log("bb 的类型为: " + typeof (bb));
console.log("cc 的类型为: " + typeof (cc));
```

运行此代码得到的结果如图 3-2 所示。

图 3-2　嵌套类型匹配示例代码的运行结果

4. 使用条件类型判断联合类型

使用条件类型判断联合类型通过判断一个参数是否包含另一个参数的全部子类型来实现。

例 3-6　条件类型判断联合类型的示例代码

```
// 判断联合类型
type x = 'a';
type y = 'a' | 'b';
type z = x extends y ? string : number;
let str:z = 'a';
console.log("str 的类型为: " + typeof(str));
```

说明：当 y 包含 x 的全部子类型时，条件满足。

在终端中输入 tsc 指令后可以得到 JavaScript 代码。

例 3-7　条件类型判断联合类型示例代码编译的 JavaScript 代码

```
var str = 'a';
console.log("str 的类型为: " + typeof (str));
```

运行此代码得到的结果如图 3-3 所示。

图 3-3　条件类型判断联合类型示例代码的运行结果

3.2　函数类型

函数是 TypeScript 程序的基础。函数通过关键字 undefined 声明，是一个程序必不可少的一部分，通常会将一些具有独立功能的代码块提取成函数。一个函数主要由函数的名称、返回类型和参数组成。 TypeScript 声明函数的方式和 JavaScript 声明函数的方式类似，只是 TypeScript 需要在函数中添加参数的类型和函数的返回值类型。其中，函数的参数主要分为可选参数、默认参数和剩余参数。

3.2.1　函数声明

1. 通过关键字 function 声明函数

使用关键字 function 声明的函数由函数名、参数列表、返回类型和方法体组成。

例 3-8　function 声明函数的示例代码

```
// 使用 function 关键字声明函数
function add(x: number, y: number): number {
    return x + y
};
// 调用函数时，传入的参数要和函数中参数的数量和类型一致
console.log(" 函数的返回结果为: " + add(1,3))
```

在终端中输入 tsc 指令后可以得到 JavaScript 代码。

例 3-9　function 声明函数示例代码编译的 JavaScript 代码

```
// 使用 function 关键字声明函数
function add(x, y) {
    return x + y;
};
// 调用函数时，传入的参数要和函数中参数的数量和类型一致
console.log(" 函数的返回结果为: " + add(1, 3));
```

运行此代码得到的结果如图 3-4 所示。

图 3-4 function 声明函数示例代码的运行结果

2. 通过函数表达式声明函数

使用函数表达式声明的函数同样也是由函数名、参数列表、返回类型和方法体组成的，只是相比普通声明，多了一个变量。

例 3-10　函数表达式声明函数的示例代码

```
// 使用函数表达式声明
let add = function (a: number, b: number): number {
   return a + b
 };
console.log(" 函数的返回结果为： " + add(3,4));
```

在终端中输入 tsc 指令后可以得到 JavaScript 代码。

例 3-11　函数表达式声明函数示例代码编译的 JavaScript 代码

```
// 使用函数表达式声明
var add = function (a, b) {
   return a + b;
};
console.log(" 函数的返回结果为： " + add(3, 4));
```

运行此代码得到的结果如图 3-5 所示。

图 3-5　函数表达式声明函数示例的运行结果

3.2.2 函数参数

1. 可选参数

在参数后添加问号（?）即表示当前参数是可选的，但需要注意的是，必选参数必须在可选参数之前。

例3-12 可选参数的示例代码

```
// 可选参数
let add2 = function (a: number, b?: number): number {//b为可选参数
  if(b != null){
    return a + b;
  }else{
    return a;
  }
}
console.log(" 函数的返回结果为: " + add2(3,4));
console.log(" 函数的返回结果为: " + add2(3));
// 错误的声明示例
// let add1 = function (a?: number, b: number): number {
//    return 0;
// }
```

在终端中输入 tsc 指令后可以得到 JavaScript 代码。

例3-13 可选参数示例代码编译的 JavaScript 代码

```
// 可选参数
var add2 = function (a, b) {
    if (b != null) {
        return a + b;
    }
    else {
        return a;
    }
};
console.log(" 函数的返回结果为: " + add2(3, 4));
console.log(" 函数的返回结果为: " + add2(3));
// 错误的声明示例
// let add1 = function (a?: number, b: number): number {
//    return 0;
// }
```

运行此代码得到的结果如图 3-6 所示。

图 3-6 可选参数示例代码的运行结果

2. 默认参数

默认参数指的是为函数的参数设置一个默认值，当调用这个函数未传这个参数值或者传

入的值为 undefined 时，显示的值为默认值。与可选参数不同的是，默认参数可以在必选参数之前，但是当默认参数在必选参数之前时，默认参数不能为空。

例 3-14　默认参数的示例代码

```
// 默认参数
function add(x: string, y: string = '未知'): string {//y为默认参数
  return '姓名：' + x + ', 性别：' + y
};
console.log("函数的返回结果为：" + add('张三'))
console.log("函数的返回结果为：" + add('张三','男'));
```

在终端中输入 tsc 指令后可以得到 JavaScript 代码。

例 3-15　默认参数示例代码编译的 JavaScript 代码

```
// 默认参数
function add(x, y) {
    if (y === void 0) { y = '未知'; }
    return '姓名：' + x + ', 性别：' + y;
};
console.log("函数的返回结果为：" + add('张三'));
console.log("函数的返回结果为：" + add('张三', '男'));
```

运行此代码得到的结果如图 3-7 所示。

图 3-7　默认参数示例代码的运行结果

3. 剩余参数

当一个函数中不确定会有多少个参数传入时，需要使用剩余参数，且剩余参数的类型必须是数组类型。

例 3-16　剩余参数的示例代码

```
// 剩余参数
let add = function (...b: number[]): number {
  let a: number = 0;
  // 遍历b中的参数，并将参数赋值给变量a
  for (let index = 0; index < b.length; index++) {
    a = a + b[index];
  }
  return a;
};
console.log("函数的返回结果为：" + add(1,2,3,4,5));
```

在终端中输入 tsc 指令后可以得到 JavaScript 代码。

例 3-17　剩余参数示例代码编译的 JavaScript 代码

```
// 剩余参数
var add = function () {
    var b = [];
    for (var _i = 0; _i < arguments.length; _i++) {
        b[_i] = arguments[_i];
    }
    var a = 0;
    // 遍历 b 中的参数，并将参数赋值给变量 a
    for (var index = 0; index < b.length; index++) {
        a = a + b[index];
    }
    return a;
};
console.log("函数的返回结果为：" + add(1, 2, 3, 4, 5));
```

运行此代码得到的结果如图 3-8 所示。

图 3-8　剩余参数示例代码的运行结果

3.2.3　函数重载

当一个函数的参数接收的类型不同时，返回值的类型也不相同，此时需要使用函数的重载。例如，需要实现一个函数，当接收的参数类型为数字类型时，返回数字的平方；当接收的参数为字符串时，返回接收的字符串。

例 3-18　函数重载的示例代码

```
function load(a: number): number;
function load(a: string): string;
function load(a: number | string): number | string {
    // 判断参数 a 的类型是否为 number
    if (typeof a === 'number') {
        return a * a;
        // 判断参数 a 的类型是否为 string
    } else if (typeof a === 'string') {
        return a;
    };
```

```
    // 当参数类型既不是 number 也不是 string 时，输出参数错误
    return ("参数类型错误")
};
console.log("运行结果为：" + load(2));
console.log("运行结果为：" + load('小明'));
// console.log(load(true));// 参数类型错误
```

提示：函数的定义是从最前面开始匹配的，因此，当函数中定义类型有包含关系时，要将精确的定义写在前面。

在终端中输入 tsc 指令后可以得到 JavaScript 代码。

例 3-19　函数重载示例代码编译的 JavaScript 代码

```
function load(a) {
    // 判断参数 a 的类型是否为 number
    if (typeof a === 'number') {
        return a * a;
    // 判断参数 a 的类型是否为 string
    }else if (typeof a === 'string') {
        return a;
    };
    // 当参数类型既不是 number 又不是 string 时，输出参数错误
    return ("参数类型错误");
};
console.log("运行结果为：" + load(2));
console.log("运行结果为：" + load('小明'));
// console.log(load(true));// 参数类型错误
```

运行此代码得到的结果如图 3-9 所示。

图 3-9　函数重载示例代码的运行结果

3.3　对象类型

在 TypeScript 中，Object 类型用来表示一个对象，使用接口定义对象的类型。对象类型通常用于分组和传递数据。对象类型最重要的一个特点是可以包含除 null 和 undefined 之外的所有类型的值。

3.3.1 对象类型的定义

对象是由对象名名称和对象属性组成的。对象的属性需要放在大括号内，且属性之间用逗号分隔。

例 3-20　对象类型的定义的示例代码

```
// 声明对象
let obj: {
  bookName: string,
  BookNumber: number,
};
// 为对象赋值
obj = {
  bookName: "TypeScript",
  BookNumber: 1111,
};
console.log("书名："+ obj.bookName + "，编号："+ obj.BookNumber);
```

在终端中输入 tsc 指令后可以得到 JavaScript 代码。

例 3-21　对象类型的定义示例代码编译的 JavaScript 代码

```
// 声明对象
var obj;
// 为对象赋值
obj = {
    bookName: "TypeScript",
    BookNumber: 1111
};
console.log("书名：" + obj.bookName + "，编号：" + obj.BookNumber);
```

运行此代码得到的结果如图 3-10 所示。

图 3-10　对象类型的定义示例代码的运行结果

3.3.2 对象的属性

1. 可选属性

对象类型的可选属性和函数类型的可选参数类似，只需要在定义属性类型时在属性名称后面添加问号（?），即可将当前属性定义为可选属性。

例 3-22　可选属性的示例代码

```
// 声明对象
let obj: {
  bookName: string,
  BookNumber: number,
  author?: string,
};
// 为对象赋值
obj = {
  bookName: "TypeScript",
  BookNumber: 1111,
};
console.log(obj);
obj = {
  bookName: "TypeScript",
  BookNumber: 1111,
  author: "小明",
};
console.log(obj);
```

在终端中输入 tsc 指令后可以得到 JavaScript 代码。

例 3-23　可选属性示例代码编译的 JavaScript 代码

```
// 声明对象
var obj;
// 为对象赋值
obj = {
    bookName: "TypeScript",
    BookNumber: 1111
};
console.log(obj);
obj = {
    bookName: "TypeScript",
    BookNumber: 1111,
    author: "小明"
};
console.log(obj);
```

运行此代码得到的结果如图 3-11 所示。

图 3-11　可选属性示例代码的运行结果

2. 只读属性

在定义属性类型时，在属性名称前面添加 readonly 关键字，即可将当前属性定义为只读属性，一旦定义为只读属性，在类型检查期间，当前属性将无法被重写。

例 3-24　只读属性的示例代码

```
// 声明对象
let obj: {
  readonly bookName: string,
  BookNumber: number,
  author?: string,
};
// 为对象赋值
obj = {
  bookName: "TypeScript",
  BookNumber: 1111,
};
// 无法为 "bookName" 赋值，因为它是只读属性
// obj.bookName = "1"
console.log(obj);
```

在终端中输入 tsc 指令后可以得到 JavaScript 代码。

例 3-25　只读属性示例代码编译的 JavaScript 代码

```
// 声明对象
var obj;
// 为对象赋值
obj = {
    bookName: "TypeScript",
    BookNumber: 1111
};
// 无法为 "bookName" 赋值，因为它是只读属性
// obj.bookName = "1"
console.log(obj);
```

运行此代码得到的结果如图 3-12 所示。

图 3-12　只读属性示例代码的运行结果

3.4 泛型中的 extends/keyof

在 TypeScript 中书写泛型约束时，使用关键字 extends 来为泛型添加约束。需要注意的是，此处的关键字 extends 表示约束而不是继承。keyof 关键字可以将一个类型映射为它的成员名称的联合类型。

（1）extends 关键字的使用。

例 3-26　泛型约束的示例代码

```
// 约束
function getConstraint<Type,Key extends keyof Type>(obj:Type,key:Key){
  console.log(obj[key]);
}
const x = {a:1,b:2,c:3};
getConstraint(x,'a');
getConstraint(x,'b');
```

在终端中输入 tsc 指令后可以得到 JavaScript 代码。

例 3-27　泛型约束示例代码编译的 JavaScript 代码

```
// 约束
function getConstraint(obj, key) {
    console.log(obj[key]);
}
var x = { a: 1, b: 2, c: 3 };
getConstraint(x, 'a');
getConstraint(x, 'b');
```

运行此代码得到的结果如图 3-13 所示。

图 3-13　泛型约束示例代码的运行结果

（2）keyof 关键字的使用。

例 3-28　keyof 关键字使用的示例代码

```
interface Generic {
  name: string;
  age: number;
}
type x = keyof Generic;
```

```
// 判断 x 中的子类型是否包含 name 类型
type y = 'name' extends x ? string: boolean// 结果为：type y = string
```

3.5 映射类型

在 TypeScript 中，映射类型属于高级类型，常用于一个类型基于另一个类型的创建，映射类型的使用可以有效地避免重复代码的编写。映射类型是建立在索引签名的语法之上的，接下来将先简单介绍索引签名，然后对映射类型进行详细讲解。

3.5.1 索引签名

索引签名可以理解为一个键值对，属性名的类型和值分别由值和键来指定，当属性的名称未知时，可以通过索引签名来限制属性的类型及对象的类型。在使用索引签名时，键的类型必须可以赋值给 string 类型或者 number 类型，其中索引签名中的键不一定非要使用 key 来表示，它可以使用任何词。

例 3-29 索引签名的示例代码

```
// 索引签名
type book = {
  bookName: string;
  obj: {
    [key: string]: string;
  }
};
const books: book = {
  bookName: 'TypeScript',
  obj: {
    author: '小明',
  },
};
const userType = books.obj.gender;//userType 的类型为 string
```

3.5.2 映射类型的实现

映射类型主要包括 Partial、Required、Readonly、Pick、Omit、Exclude 等工具类型，具体介绍如下。

（1）Partial：将所有类型的属性转换为可选属性。

例 3-30　Partial 工具类型的示例代码

```
type obj = {
  bookName: string;
  bookNumber: number;
}
type book = Partial<obj>;
// 转换后 book 的类型
// type book = {
//     bookName?: string | undefined;
//     bookNumber?: number | undefined;
// }
```

（2）Required：将所有类型的属性转换为可选属性。

例 3-31　Required 工具类型的示例代码

```
type obj = {
    bookName?: string;
    bookNumber?: number;
}
type book = Required <obj>;
// book 的类型
// type book = {
//     bookName: string;
//     bookNumber: number;
// }
```

（3）Readonly：将所有类型的属性转换为只读属性。

例 3-32　Readonly 工具类型的示例代码

```
type obj = {
    bookName?: string;
    bookNumber?: number;
}
type book = Readonly <obj>;
// book 的类型
// type book = {
//     readonly bookName?: string | undefined;
//     readonly bookNumber?: number | undefined;
// }
```

（4）Pick：从类型中选择返回的属性。

例 3-33　Pick 工具类型的示例代码

```
type obj = {
  bookName?: string;
  bookNumber?: number;
  author: string;
}
type book = Pick <obj, 'bookName' | 'author'>;
```

```
// book 的类型
// type book = {
//     bookName?: string | undefined;
//     author: string;
// }
```

（5）Omit：从类型中忽略返回的属性。

例 3-34　Omit 工具类型的示例代码

```
type obj = {
  bookName?: string;
  bookNumber?: number;
  author: string;
}
type book = Omit <obj, 'bookName' | 'author'>;
// book 的类型
// type book = {
//     bookNumber?: number | undefined;
// }
```

（6）Exclude：从联合类型中排除指定类型。

例 3-35　Exclude 工具类型的示例代码

```
type obj = {
  bookName?: string;
  bookNumber?: number;
  author: string;
}
type book = Exclude <keyof obj, 'bookName'>;
// book 的类型
// type book = "bookNumber" | "author"
```

3.6　类型收窄

在 TypeScript 中，类型收窄是将一个不精确的类型推导为精确类型的过程。类型收窄可以分为真值收窄、等值收窄，以及通过 in 运算符和 instanceof 收窄。在 TypeScript 中，typeof 可以检查值的类型，其中当值为数字类型、字符串类型和布尔类型时，返回的值是它们值本身的类型；当值为对象、数组和 null 时，返回的值是 object；当值为函数类型时，返回的值是 function。

1. 真值收窄

真值收窄是指通过使用 if 语句、条件、&&、|| 等组成布尔表达式来检查是否为真。

例 3-36　真值收窄的示例代码

```
// 真值收窄
```

```
function narrow(x:number){
   if(typeof(x) === 'number'){
      return console.log("输出内容为:" + x);
   }else{
      return '类型错误'
   }
}
// 调用
narrow(1);
```

在终端中输入 tsc 指令后可以得到 JavaScript 代码。

例 3-37　真值收窄示例代码编译的 JavaScript 代码

```
// 真值收窄
function narrow(x) {
   if (typeof (x) === 'number') {
      return console.log("输出内容为:" + x);
   }
   else {
      return '类型错误';
   }
}
// 调用
narrow(1);
```

运行此代码得到的结果如图 3-14 所示。

图 3-14　真值收窄示例代码的运行结果

2. 等值收窄

等值收窄是指通过使用 ==、!=、===、!==、判断值或者值的类型是否相等，来进行类型收窄。

例 3-38　等值收窄的示例代码

```
// 等值收窄
function narrow(x: number | string, y: string){
   if(x === y){
      console.log("x 和 y 的类型为 string");
   }else{
      console.log("x 的类型为 :" + typeof(x));
      console.log("x 的类型为 :" + typeof(y));
   }
}
```

```
// 调用
narrow('小明','小红');
```

在终端中输入 tsc 指令后可以得到 JavaScript 代码。

例 3-39　等值收窄示例代码编译的 JavaScript 代码

```
// 等值收窄
function narrow(x, y) {
    if (x === y) {
        console.log("x 和 y 的类型为 string");
    }
    else {
        console.log("x 的类型为:" + typeof (x));
        console.log("x 的类型为:" + typeof (y));
    }
}
// 调用
narrow('小明', '小明');
```

运行此代码得到的结果如图 3-15 所示。

图 3-15　等值收窄示例代码的运行结果

3. 使用 in 操作符收窄

在 JavaScript 中，操作符用于判断一个对象是否具有某个属性名，而在 TypeScript 中，可以通过使用 in 操作符实现类型的收窄。

例 3-40　使用 in 操作符收窄的示例代码

```
// 使用 in 操作符收窄
type x = { one: () => void };
type y = { two: () => void };
type z = { one?: () => void; two?: () => void };
function narrow(animal: x | y | z) {
  if ("two" in animal) {
    animal;//(parameter) animal: y | z
  } else {
    animal;//(parameter) animal: x | z
  }
}
```

4. 使用 instanceof 操作符收窄

instanceof 和 typeof 功能类似，也是一种类型保护。

例 3-41   使用 instanceof 操作符收窄的示例代码

```
// 使用 instanceof 操作符收窄
function narrow(x: Date | string) {
  if (x instanceof Date) {
    console.log(x.toUTCString());
  } else {
    console.log(x.toUpperCase());
  }
}
narrow('xiao');
```

在终端中输入 tsc 指令后可以得到 JavaScript 代码。

例 3-42   使用 instanceof 操作符收窄示例代码编译的 JavaScript 代码

```
// 使用 instanceof 操作符收窄
function narrow(x) {
    if (x instanceof Date) {
        console.log(x.toUTCString());
    }
    else {
        console.log(x.toUpperCase());
    }
}
narrow('xiao');
```

运行此代码得到的结果如图 3-16 所示。

图 3-16   使用 instanceof 操作符收窄示例代码的运行结果

3.7　类的使用

TypeScript 是一门面向对象的编程语言，因此它也支持面向对象的所有特征，如类、接口等。在 TypeScript 中，类通过关键字 class 来定义，一个类中主要包括字段、构造函数、方法 3 个模块。字段用来声明类中的变量。构造函数在类实例化时调用，可以为类的对象分配内存。方法是对象要执行的操作。

3.7.1 类的定义

要想使用一个类,首先需要通过关键字 class 定义一个类,然后在类中声明类的属性和构造方法,以及定义类中的方法。

例 3-43 类的定义的示例代码

```
// 定义一个类
class Employee {
  // 添加属性并给属性赋初始值
  employeeName: string = "小明";
  employeeAge: number = 18;
  // 声明构造函数
  constructor(employeeName: string, employeeAge: number) {
    this.employeeName = employeeName
    this.employeeAge = employeeAge
  }
  // 定义方法
  output() {
    console.log("姓名: "+ this.employeeName + " 年龄: " + this.employeeAge)
  }
}
const employee = new Employee("小红", 25)
console.log(employee)
// 调用类中的方法
employee.output()
```

说明:
(1) 如果属性没有声明类型,那么类型默认为 any。
(2) 如果不想给属性赋初始值,那么可以使用 name!: string 的语法来声明。
在终端中输入 tsc 指令后可以得到 JavaScript 代码。

例 3-44 类的定义示例代码编译的 JavaScript 代码

```
// 定义一个类
var Employee = /** @class */ (function () {
  // 声明构造函数
  function Employee(employeeName, employeeAge) {
    // 添加属性并给属性赋初始值
    this.employeeName = "小明";
    this.employeeAge = 18;
    this.employeeName = employeeName;
    this.employeeAge = employeeAge;
  }
  // 定义方法
  Employee.prototype.output = function () {
    console.log("姓名: " + this.employeeName + " 年龄: " + this.employeeAge);
  };
  return Employee;
```

```
}());
var employee = new Employee("小红", 25);
console.log(employee);
// 调用类中的方法
employee.output();
```

运行此代码得到的结果如图 3-17 所示。

图 3-17　类的定义示例代码的运行结果

3.7.2　类的继承

继承是面向对象的一大特性，它可以有效地减少代码量，同时它也是多态的前提。在 TypeScript 中，通过关键字 extends 来实现继承，子类调用父类方法时通过使用关键字 super 来访问，需要注意的是，在 TypeScript 中，一个类只能继承一个父类。

例 3-45　类的继承的示例代码

```
// 定义一个类
class Employee {
  // 添加属性并给属性赋初始值
  employeeName: string = "小明";
  employeeAge: number = 18;
  // 声明构造函数
  constructor(employeeName: string, employeeAge: number) {
    this.employeeName = employeeName
    this.employeeAge = employeeAge
  }
  // 定义方法
  output() {
    console.log("姓名："+ this.employeeName + "年龄：" + this.employeeAge);
  }
}
class Group extends Employee{
  group: string = "一组"
  constructor(employeeName: string, employeeAge: number, group: string) {
    // 调用父类的构造方法，对父类中的属性进行初始化
    super(employeeName, employeeAge)
    this.group = group
  }
  groupMethod() {
```

```
        console.log("分组为: "+ this.group);
    }
}
const group = new Group("小红", 25,"二组");
console.log(group);
// 调用类中的方法
group.groupMethod();
group.output();
```

在终端中输入 tsc 指令后可以得到 JavaScript 代码。

例 3-46 类的继承示例代码编译的 JavaScript 代码

```
var __extends = (this && this.__extends) || (function () {
    var extendStatics = function (d, b) {
        extendStatics = Object.setPrototypeOf ||
            ({ __proto__: [] } instanceof Array && function (d, b) { d.__proto__ = b; }) ||
            function (d, b) { for (var p in b) if (Object.prototype.hasOwnProperty.call(b, p)) d[p] = b[p]; };
        return extendStatics(d, b);
    };
    return function (d, b) {
        if (typeof b !== "function" && b !== null)
            throw new TypeError("Class extends value " + String(b) + " is not a constructor or null");
        extendStatics(d, b);
        function __() { this.constructor = d; }
        d.prototype = b === null ? Object.create(b) : (__.prototype = b.prototype, new __());
    };
})();
// 定义一个类
var Employee = /** @class */ (function () {
    // 声明构造函数
    function Employee(employeeName, employeeAge) {
        // 添加属性并给属性赋初始值
        this.employeeName = "小明";
        this.employeeAge = 18;
        this.employeeName = employeeName;
        this.employeeAge = employeeAge;
    }
    // 定义方法
    Employee.prototype.output = function () {
        console.log("姓名: " + this.employeeName + "年龄: " + this.employeeAge);
    };
    return Employee;
}());
var Group = /** @class */ (function (_super) {
    __extends(Group, _super);
    function Group(employeeName, employeeAge, group) {
```

```
        var _this = 
        // 调用父类的构造方法，对父类中的属性进行初始化
        _super.call(this, employeeName, employeeAge) || this;
        _this.group = "一组";
        _this.group = group;
        return _this;
    }
    Group.prototype.groupMethod = function () {
        console.log("分组为：" + this.group);
    };
    return Group;
}(Employee));
var group = new Group("小红", 25, "二组");
console.log(group);
// 调用类中的方法
group.groupMethod();
group.output();
```

运行此代码得到的结果如图 3-18 所示。

图 3-18　类的继承示例代码的运行结果

3.7.3　访问类型

在 TypeScript 中，类的访问类型共有 3 种，分别是公共的（public）、私有的（private）、受保护的（protected），可以通过它们来给类、变量、方法和构造方法设置访问权限，具体示例如下。

1. public

使用 public 修饰的属性可以分别在类的内部和外部访问，同时它也是默认属性，当属性未定义访问类型时，默认访问类型为 public。

例 3-47　public 访问类型的示例代码

```
// 访问类型
class Book {
    // 添加属性并给属性赋初始值
    public bookName: string = "TypeScript";
    bookNumber: number = 111;
    // 声明构造函数
    constructor(bookName: string, bookNumber: number) {
```

```
    this.bookName = bookName;
    this.bookNumber = bookNumber;
  }
  // 定义方法
  public output() {
    console.log(" 书名: "+ this.bookName + ", 编号: " + this.bookNumber);
  }
}
const book = new Book('TypeScript', 222);
console.log(book);
// 调用方法
book.output();
```

编译为JavaScript代码后运行结果如图3-19所示。

图3-19　public 访问类型示例代码的运行结果

2. private

使用 private 修饰的属性只可以在类的内部访问。

例 3-48　private 访问类型的示例代码

```
// 访问类型
class Book {
  // 添加属性并给属性赋初始值
  private bookName: string = "TypeScript";
  bookNumber: number = 111;
  // 声明构造函数
  constructor(bookName: string, bookNumber: number) {
    this.bookName = bookName;
    this.bookNumber = bookNumber;
  }
  // 定义方法
  public output() {
    console.log(" 书名: "+ this.bookName + ", 编号: " + this.bookNumber);
  }
}
const book = new Book('TypeScript', 222);
//console.log(book.bookName);// 编译错误，因为 bookName 为私有属性
// 调用方法
book.output();
```

编译为JavaScript代码后运行结果如图3-20所示。

图3-20 private 访问类型示例代码的运行结果

3. protected

使用 protected 修饰的属性只可以在类的内部和子类中访问。

例 3-49 protected 访问类型的示例代码

```
// 访问类型
class library {
  // 添加属性并给属性赋初始值
  protected libraryName: string = "国家图书馆";
  // 声明构造函数
  constructor(libraryName: string) {
    this.libraryName = libraryName;
  }
  // 定义方法
  public output() {
    console.log(" 图书馆名称："+ this.libraryName);
  }
}
class Book extends library {
  student() {
    console.log(" 父类中受保护的值为："+ this.libraryName)
  }
}
const book = new Book(' 图书馆 ');
//console.log(group.name);// 编译错误
// 调用方法
book.output();
book.student();
```

编译为 JavaScript 代码后运行结果如图 3-21 所示。

图 3-21 protected 访问类型示例代码的运行结果

3.7.4 getter 和 setter

在 TypeScript 中,当一个类中定义的有私有属性,且需要在类的外部获取和修改当前私有属性时,可以通过 getter 和 setter 方法来实现。

例 3-50 getter 和 setter 的示例代码

```
//getter 和 setter
class Book {
  // 添加属性并给属性赋初始值
  private bookName: string = "TypeScript";
  // 声明构造函数
  constructor(bookName: string) {
    this.bookName = bookName;
  }
  get getBookName() { // 用来获取私有属性
    return this.bookName;
  }
  set setBookName(bookName: string) { // 用来给私有属性赋值
    this.bookName = bookName;
  }
}
let book = new Book("TS");
console.log(" 书名: " + book.getBookName);
book.setBookName = "JS";
console.log(" 书名: " + book.getBookName);
```

在终端中输入 tsc 指令后可以得到 JavaScript 代码。

例 3-51 getter 和 setter 示例代码编译的 JavaScript 代码

```
//getter 和 setter
class Book {
    // 声明构造函数
    constructor(bookName) {
        // 添加属性并给属性赋初始值
        this.bookName = "TypeScript";
        this.bookName = bookName;
    }
    get getBookName() {
        return this.bookName;
    }
    set setBookName(bookName) {
        this.bookName = bookName;
    }
}
let book = new Book("TS");
console.log(" 书名: " + book.getBookName);
book.setBookName = "JS";
console.log(" 书名: " + book.getBookName);
```

运行此代码得到的结果如图 3-22 所示。

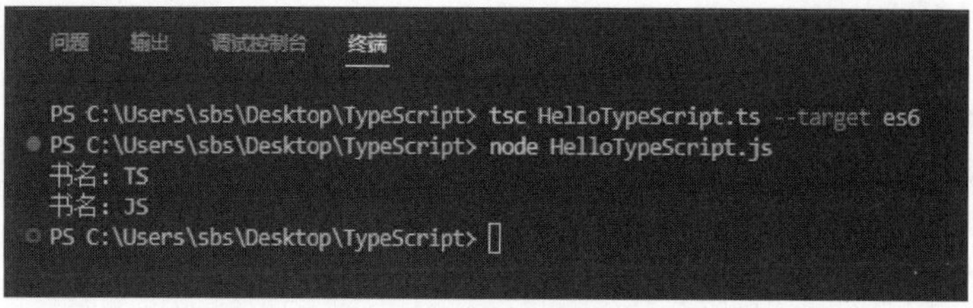

图 3-22　getter 和 setter 示例代码的运行结果

3.8　抽象类

TypeScript 的抽象类是一个不能被实例化的特殊的类，通过关键字 abstract 声明。抽象类可以包含具体的属性和方法，也可以包含抽象方法。抽象方法和抽象类的声明方式相同，也是通过关键字 abstract 声明的，但是需要注意的是，抽象方法必在抽象类中。

例 3-52　抽象类的示例代码

```
// 抽象类
abstract class Library {
  // 添加属性并给属性赋初始值
  libraryName: string = "国家图书馆";
  // 声明构造函数
  constructor(libraryName: string) {
      this.libraryName = libraryName
    }
   // 抽象方法
    abstract output(): void;
}
class Book extends Library {
  output() {
      console.log("书名: " + this.libraryName);
  }
}
const book = new Book('TypeScript');
// 调用方法
book.output();
```

在终端中输入 tsc 指令后可以得到 JavaScript 代码。

例 3-53　抽象类示例代码编译的 JavaScript 代码

```
var __extends = (this && this.__extends) || (function () {
    var extendStatics = function (d, b) {
        extendStatics = Object.setPrototypeOf ||
            ({ __proto__: [] } instanceof Array && function (d, b) { d.__proto__ = b; }) ||
```

```
            function (d, b) { for (var p in b) if (Object.prototype.
hasOwnProperty.call(b, p)) d[p] = b[p]; };
            return extendStatics(d, b);
        };
        return function (d, b) {
            if (typeof b !== "function" && b !== null)
                throw new TypeError("Class extends value " + String(b) + " is not a constructor or null");
            extendStatics(d, b);
            function __() { this.constructor = d; }
            d.prototype = b === null ? Object.create(b) : (__.prototype = b.prototype, new __());
        };
    })();
    // 抽象类
    var Library = /** @class */ (function () {
        // 声明构造函数
        function Library(libraryName) {
            // 添加属性并给属性赋初始值
            this.libraryName = "国家图书馆";
            this.libraryName = libraryName;
        }
        return Library;
    }());
    var Book = /** @class */ (function (_super) {
        __extends(Book, _super);
        function Book() {
            return _super !== null && _super.apply(this, arguments) || this;
        }
        Book.prototype.output = function () {
            console.log("书名：" + this.libraryName);
        };
        return Book;
    }(Library));
    var book = new Book('TypeScript');
    // 调用方法
    book.output();
```

运行此代码得到的结果如图3-23所示。

图3-23　抽象类示例代码的运行结果

3.9 就业面试技巧与解析

本章主要讲解了 TypeScript 的条件类型、函数类型、对象类型、映射类型等高级数据类型，通过上面的讲解相信大家都已熟练掌握。这些知识在面试中常以下面的形式体现。

3.9.1 面试技巧与解析（一）

面试官：TypeScript 中的 getter/setter 是什么？

应聘者：getter 和 setter 是实现封装的必不可少的方法。getter 方法可以实现值的引用，但是无法修改，而 setter 方法可以修改变量的值，但是无法查看当前值。它们是一种特殊类型的方法，可以根据程序的需求对私有变量进行访问。

3.9.2 面试技巧与解析（二）

面试官：TypeScript 中的访问类型有哪些？它们各自有什么特点？

应聘者：在 TypeScript 中一共有 3 种访问类型。

（1）public（公共的）：使用 public 修饰的属性可以分别在类的内部和外部访问，同时它也是默认属性。

（2）private（私有的）：使用 private 修饰的属性只可以在类的内部访问。

（3）protected（受保护的）：使用 protected 修饰的属性只可以在类的内部和子类中访问。

第 4 章
深入了解函数和类

 本章概述

函数和类是 TypeScript 应用程序中至关重要的一部分，它们的使用可以大大提高代码的开发效率。函数在小型项目的开发中是非常常用的，但是当项目的功能变多时，只使用函数会使代码显得非常混乱，此时就需要使用类了，类可以有效地组织和简化代码。本章将讲解 TypeScript 的函数和类。

 知识导读

本章要点（已掌握的在方框中打钩）
□ 函数。
□ 类的进阶。

4.1 函　　数

函数在 TypeScript 语言中有着非常重要的地位，它可以大大地提高代码的复用性和可维护性。在 TypeScript 中用来定义对象行为的方法，从某种意义上讲也是函数。在 TypeScript 中，函数又分为普通函数、匿名函数、构造函数和箭头函数等，不同函数的推荐使用场景如下。

（1）匿名函数常用于赋值给变量，以组成函数表达式。相比非匿名函数，匿名函数更节省空间，因为匿名函数只有在被调用时才会临时创建函数对象和作用域对象，调用完成后会立即释放。

（2）构造函数是一种特殊的方法，用于给对象赋初始值，不建议将需要频繁访问的函数声明为构造函数。

（3）箭头函数常用于无复杂逻辑的纯函数情况，不适合在多层嵌套的情况下使用。

4.1.1 匿名函数的定义和调用

匿名函数就是使用 function 关键字来声明一个函数，但是未给函数命名的函数，通俗来说就是一个没有名称的函数。在编写匿名函数时不需要指定它的返回值类型，因为它的返回值类型是从函数主体的 return 语句推断的。正常来说，只定义一个匿名函数是没有意义的，除非在声明匿名函数时自调用。因此，在声明匿名函数时通常赋值给变量，这种表达式称为函数表达式。

1. 匿名函数的声明

匿名函数通过使用 function（参数列表）进行定义，一个完整的匿名函数包括函数定义和函数体两部分。

例 4-1　匿名函数的基本语法

```
function(参数:参数类型,...,参数n:参数类型){
  //执行语句
}
```

2. 匿名函数的调用

定义好的匿名函数可以通过匿名函数赋值给的变量名调用。

例 4-2　匿名函数的调用的示例代码

```
//声明匿名函数
var and = function (x: number, y: number) {
  return console.log("x+y的和为: " + (x + y));
};
and(3,4); //调用匿名函数
```

在终端中输入 tsc 指令后可以得到 JavaScript 代码。

例 4-3　匿名函数的调用示例代码编译的 JavaScript 代码

```
//声明匿名函数
var and = function (x, y) {
    return console.log("x+y的和为: " + (x + y));
};
and(3, 4); //调用匿名函数
```

运行此代码得到的结果如图 4-1 所示。

图 4-1　匿名函数的调用示例代码的运行结果

3. 匿名函数自调用

匿名函数通过在函数后添加 ( ) 进行自调用。

例 4-4　匿名函数自调用的示例代码

```
// 匿名函数自调用
(function (and: string) {
    let x = "Hello " + and;
    console.log(x);
})("TypeScript");// TypeScript 为变量值
```

编译为 JavaScript 代码后运行结果如图 4-2 所示。

图 4-2　匿名函数的定义和调用示例代码的运行结果

4.1.2　构造函数

TypeScript 支持使用 JavaScript 内置的构造函数，同样也支持通过关键字 Function() 来定义构造函数。构造函数允许在运行时动态的编译和创建，因此，当需要频繁调用一个函数时，不建议使用构造函数，因为它会大大降低代码的运行效率。

1. 构造函数的声明

构造函数常与 new 操作符一同使用，一个完整的构造函数包括参数、函数体及接收函数返回结果的变量。

例 4-5　构造函数的语法

```
// 构造函数
let gz = new Function("参数 1","参数 2",...,"函数体 ");
```

2. 构造函数的调用。

例 4-6　构造函数调用的示例代码

```
// 构造函数
let gz = new Function("x", "y", "return x + y");
// 调用构造函数
let x = gz(2, 3);
console.log(" 运行结果为： " + x);
```

在终端中输入 tsc 指令后可以得到 JavaScript 代码。

例 4-7　构造函数调用示例代码编译的 JavaScript 代码

```
// 构造函数
```

```
var gz = new Function("x", "y", "return x + y");
// 调用构造函数
var x = gz(2, 3);
console.log(" 运行结果为: " + x);
```

运行此代码得到的结果如图 4-3 所示。

图 4-3　构造函数调用示例代码的运行结果

说明：构造函数的返回值必须为空。

4.1.3　箭头函数

在 TypeScript 中，箭头函数也称为 lambda 函数，因为 lambda 函数是通过使用箭头符号（=>）来声明的，故称之为箭头函数。相比普通函数，箭头函数的表达式更短，通常只有一行语句。箭头函数与匿名函数一样，也是没有函数名的，通常将其赋值给变量来使用。声明箭头函数时需要注意以下几点：

（1）当箭头函数的参数只有一个时，函数声明中的括号是可选的。

（2）当箭头函数无参数时，括号不能省略。

（3）当箭头函数的返回值是对象字面量时，必须将字面量用小括号括起来，这样可以避免函数体的大括号和对象字面量的大空号的冲突。

1. 箭头函数的声明

一个完整的箭头函数主要由参数、参数类型、箭头（=>）符号及函数的逻辑语句组成。

例 4-8　箭头函数的语法

```
// 箭头函数
(参数1:参数类型 , 参数2:参数类型 ,…, 参数n:参数类型 ) => {
    函数的逻辑语句
};
```

2. 箭头函数的创建与调用

箭头函数的调用与匿名函数的调用类似。箭头函数是通过把函数赋给一个函数对象。

示例 1：当函数只有一行语句时，大括号和 return 语句可以省略。

例 4-9　箭头函数的示例代码（一）

```
// 箭头函数
let and = (x: number, y: number) => x + y;
// 调用箭头函数
let sum = and(1, 2);
```

```
console.log(" 运行结果为：" + sum);
```

在终端中输入 tsc 指令后可以得到 JavaScript 代码。

例 4-10　箭头函数示例代码编译的 JavaScript 代码

```
// 箭头函数
var and = function (x, y) { return x + y; };
// 调用箭头函数
var sum = and(1, 2);
console.log(" 运行结果为：" + sum);
```

运行此代码得到的结果如图 4-4 所示。

图 4-4　匿名函数示例代码的运行结果

示例 2：当函数有多行语句时，大括号不能省略。

例 4-11　箭头函数的示例代码（二）

```
// 箭头函数
var fun = (x: any) => {
// 判断接收参数的类型
  if(typeof x === "number") {
     console.log(x +" ,是数字类型 ")
  } else if(typeof x ==="string") {
     console.log(x +" ,是字符串类型 ")
  }
}
// 调用箭头函数
fun(1)
fun("One")
```

在终端中输入 tsc 指令后可以得到 JavaScript 代码。

例 4-12　箭头函数示例代码编译的 JavaScript 代码

```
// 箭头函数
var fun = function (x) {
    // 判断接收参数的类型
if (typeof x === "number") {
       console.log(x + " ,是数字类型 ");
    }
    else if (typeof x === "string") {
       console.log(x + " ,是字符串类型 ");
    }
```

```
};
// 调用箭头函数
fun(1);
fun("One");
```

运行此代码得到的结果如图 4-5 所示。

图 4-5　箭头函数示例代码的运行结果

3. 箭头函数用作定时器

例 4-13　将箭头函数用作定时器

```
// 箭头函数
let timer = setTimeout(() => {
  console.log('3 秒后执行 ');
}, 3000);// 3000 代表时间单位为毫秒
```

编译为 JavaScript 代码后运行结果如图 4-6 所示。

图 4-6　将箭头函数用作定时器示例代码的运行结果

4.1.4　构造签名和签名调用

　　函数从本质上说也是一个对象，只是和对象不同的是，函数可以被调用，因此，可以使用对象类型来表示函数类型。当在一个对象类型中定义了调用签名的类型成员时，这个对象类型就称为函数类型。
　　构造签名与调用签名的用法类似，当在一个对象类型中定义了构造签名的类型成员时，这个对象类型就称为构造函数类型。当一个对象类型中不仅定义了签名调用，同时还定义了构造签名时，当前函数不仅可以直接调用，还可以作为构造函数使用。

1. 签名调用的语法

　　签名调用的语法中包括函数形式的列表和函数的返回值类型且都是可选的。

例 4-14　签名调用的语法

```
// 签名调用
{
    (函数形式的列表)：函数的返回值类型
}
// 可简写为
(函数形式的列表) => 函数的返回值类型
```

2. 签名调用的定义

使用对象类型字面量和签名调用定义一个函数，使函数接收两个 number 类型的参数，并返回两个参数的和。

例 4-15　签名调用的示例代码

```
// 签名调用
let sum: { (x: number, y: number): number };
sum = function (x: number, y: number): number {
  return x + y;
};
// 调用函数
let a = sum(1,2);
console.log("运行结果为:" + a);
```

在终端中输入 tsc 指令后可以得到 JavaScript 代码。

例 4-16　签名调用示例代码编译的 JavaScript 代码

```
// 签名调用
var sum;
sum = function (x, y) {
    return x + y;
};
// 调用函数
var a = sum(1, 2);
console.log("运行结果为:" + a);
```

运行此代码得到的结果如图 4-7 所示。

图 4-7　签名调用示例代码的运行结果

3. 构造签名的语法

签名调用的语法中包括函数形式的列表和函数的返回值类型且都是可选的，但是 new 关键字是必不可少的。

例 4-17　构造签名的语法

```
// 构造签名
{
  new（函数形式的列表）：函数的返回值类型
}
// 可简写为
new（函数形式的列表）=> 函数的返回值类型
```

4. 构造签名

使用对象类型字面量和构造签名定义一个构造函数，使构造函数接收一个 string 类型的参数，并返回新创建的对象。

例 4-18　构造签名的示例代码

```
// 构造签名
let Book: { new(bookName: string): object };
Book = class {
  private bookName: string;
  constructor(bookName: string) {
    this.bookName = bookName;
  }
};
// 调用构造函数
let book = new Book('TypeScript');
console.log(book);
```

在终端中输入 tsc 指令后可以得到 JavaScript 代码。

例 4-19　构造签名示例代码编译的 JavaScript 代码

```
// 构造签名
var Book;
Book = /** @class */ (function () {
    function class_1(bookName) {
        this.bookName = bookName;
    }
    return class_1;
}());
// 调用构造函数
var book = new Book('TypeScript');
console.log(book);
```

运行此代码得到的结果如图 4-8 所示。

图 4-8　匿名函数的定义和调用示例代码的运行结果

4.1.5 函数的别名

类型别名就是给一个类型起一个新的名字。类型的别名和接口很类似，不同之处在于，类型别名可以作用于原始值、联合类型等类型。下面以函数别名为例讲解关键字 type 的使用。

例 4-20 函数别名的示例代码

```
// 函数别名
type PlusType = (x: number, y: number) => number;
function sum(x: number, y: number): number {
  return x + y
}
// 通过函数别名调用函数
const sum2: PlusType = sum;
console.log(" 运行结果为: " + sum2(1,3));
```

在终端中输入 tsc 指令后可以得到 JavaScript 代码。

例 4-21 函数别名示例代码编译的 JavaScript 代码

```
function sum(x, y) {
    return x + y;
}
// 通过函数别名调用函数
var sum2 = sum;
console.log(" 运行结果为: " + sum2(1, 3));
```

运行此代码得到的结果如图 4-9 所示。

图 4-9 函数别名示例代码的运行结果

4.1.6 this、call、bind、apply

在 JavaScript 中，this 作为关键字，常用来表示和调用函数的对象，默认情况下，编译器会将 this 的值设置为 any 类型。但是在 TypeScript 中，如果 this 的值的类型默认设置为了 any 类型，那么在编译时将会报错，如果函数体中没有引用 this 的值，那么在编译时将不会有任何影响。

例 4-22 this 的使用示例（一）

```
function fun1() {
```

```
    this.a = true;          // 编译报错,"this" 隐式具有类型 "any",因为它没有类型注释
    this.c = () => { };     // 编译报错,"this" 隐式具有类型 "any",因为它没有类型注释
}
// 编译正常
function fun2() {
    const a = true;
}
```

在 TypeScript 的函数中想要引用 this 的值,可以通过一个特殊的参数来定义。

例 4-23　this 的使用示例(二)

```
function foo(this: { name: string }) {
    this.name = 'TypeScript';
    // this.name = 0;//编译错误,不能将类型 "number" 分配给类型 "string"
}
```

说明:this 参数的参数名固定使用 this,且 this 参数是可选的。当 this 参数存在时,必须放在参数列表的第一位。this 参数和常规参数的最大不同在于,this 参数只存在于编译阶段,编译完成后会被完全删除。

当 this 的参数为 void 时,无法对 this 的属性和方法进行读/写。

例 4-24　this 的使用示例(三)

```
function add(this: void, x: number, y: number) {
    this.x = 'Patrick';//编译错误:类型 "void" 上不存在属性 "x"
}
```

调用函数上下文的方法共有 3 种,分别是 call()、apply()、bind(),并且它们都定义在 Function() 构造函数的原型中,下面将详细介绍这 3 种方法。

1. call() 方法

call() 方法的第一个参数必须是对象本身,从第二个参数开始和函数中的参数相对应。

例 4-25　call() 方法的示例代码

```
function fun(a: number, b: number): number {
    return a + b;
}
let obj: any; // obj 是 any 类型
// 使用 call() 方法调用函数
obj = fun.call(obj, 3, 2);
console.log(" 运行结果为: " + obj);
```

在终端中输入 tsc 指令后可以得到 JavaScript 代码。

例 4-26　call() 方法示例代码编译的 JavaScript 代码

```
function fun(a, b) {
    return a + b;
}
var obj; // obj 是 any 类型
// 使用 call() 方法调用函数
```

```
obj = fun.call(obj, 3, 2);
console.log("运行结果为: " + obj);
```

运行此代码得到的结果如图 4-10 所示。

图 4-10　call() 方法示例代码的运行结果

2. apply() 方法

apply() 方法和 call() 方法类似，第一个参数也必须是对象本身，不同点在于 apply() 方法的第二个参数必须是一个数组。

例 4-27　apply () 方法的示例代码

```
function fun(a: number, b: number): number {
  return a + b;
}
let obj: any; // obj 是 any 类型
// 使用 apply () 方法调用函数
obj = fun.apply(obj, [1, 2]);
console.log("运行结果为: " + obj);
```

在终端中输入 tsc 指令后可以得到 JavaScript 代码。

例 4-28　apply () 方法示例代码编译的 JavaScript 代码

```
function fun(a, b) {
    return a + b;
}
var obj; // obj 是 any 类型
// 使用 apply () 方法调用函数
obj = fun.apply(obj, [1, 2]);
console.log("运行结果为: " + obj);
```

运行此代码得到的结果如图 4-11 所示。

图 4-11　apply () 方法示例代码的运行结果

3. bind() 方法

bind() 方法是将函数的调用和事件绑定到一起，当事件触发时调用函数。

例 4-29　bind () 方法的示例代码

```
setTimeout(
  function () {
    console.log(" 事件 3 秒后触发 ");
  }.bind({ name: '123' }), 3000  //3000 表示时间,单位为毫秒
)
```

在终端中输入 tsc 指令后可以得到 JavaScript 代码。

例 4-30　bind () 方法示例代码编译的 JavaScript 代码

```
setTimeout(function () {
    console.log(" 事件 3 秒后触发 ");
}.bind({ name: '123' }), 3000); //3000 表示时间,单位为毫秒
```

运行此代码得到的结果如图 4-12 所示。

图 4-12　bind () 方法示例代码的运行结果

4.2　类的进阶

类是实现面向对象思想的方法。类是对对象的抽象,是一种抽象的数据类型。类可以作为对象的模具生成不同的对象。类是抽象的,并不占用内存。第 3 章讲解了类的定义和继承,这里将继续深入介绍类的抽象、封装和多态。

4.2.1　面向对象编程基础

TypeScript 是一门面向对象的编程语言。面向对象编程是目前非常流行的一种编程方式。面向对象具有封装、继承和多态等特性,因此,使用面向对象的语法可以设计出高内聚、低耦合的应用程序,从而使程序变得更加灵活,更有利于后期的维护和升级。

面向对象的方式其实就是模仿现实中的实体,它可以使程序理解起来更加简单。例如,把客观世界中的实体人、汽车称为对象,那么对这些对象的描述就称为对象的属性,如人的年龄、性别,汽车的价格、颜色、车型等。

面向对象有四大基本特性,分别为抽象、封装、继承和多态,下面详细介绍这四大基本特性。

（1）抽象就是对一个事物共有属性（特征）和方法（行为）的抽取归纳。例如,人都有

名字、性别和年龄等特征，吃饭、睡觉等行为。抽象模型称为类，类实例化后可以得到对象。

（2）封装就是把抽象中的属性和方法都写在一个类中。封装可以使类具有独立性和隔离性，类的封装可以保证类的高内聚，通常通过 public、protected 和 private 等修饰符来实现。

（3）继承是现有类的一种复用方式，它可以大大地提高代码的重用性，当一个类继承了一个现有类时，那么它将拥有被继承类中所有的非私有的属性和方法，并可以对所继承的属性和方法进行覆盖和扩展。

（4）多态是在继承的基础上实现的，是指一个事物在不同的情况下有不同的表现形式。多态允许将子类对象视为父类对象来使用，父类引用指向子类对象时，调用相同的方法，返回不同的结果，这就是面向对象的多态性。

例 4-31　面向对象编程的示例代码

```
// 图书类
class Book {
  bookName: string;
  bookNumber: number;
  author: string;
  // 图书类的构造方法
  constructor(bookName: string, bookNumber: number, author: string) {
    this.bookName = bookName;
    this.bookNumber = bookNumber;
    this.author = author;
  }
  // 图书的上架方法
  shelf() {
    console.log(this.bookName + "上架");
  }
  // 图书的下架方法
  sales() {
    console.log(this.bookName + "销售");
  }
}
let book1 = new Book("西游记", 11, "吴承恩");
// 调用 Book 类中的方法
book1.shelf();
book1.sales();
let book2 = new Book("三国演义", 22, "罗贯中");
// 调用 Book 类中的方法
book2.shelf();
book2.sales();
```

在终端中输入 tsc 指令后可以得到 JavaScript 代码。

例 4-32　面向对象编程示例代码编译的 JavaScript 代码

```
// 图书类
var Book = /** @class */ (function () {
```

```
    // 图书类的构造方法
    function Book(bookName, bookNumber, author) {
        this.bookName = bookName;
        this.bookNumber = bookNumber;
        this.author = author;
    }
    // 图书的上架方法
    Book.prototype.shelf = function () {
        console.log(this.bookName + "上架");
    };
    // 图书的下架方法
    Book.prototype.sales = function () {
        console.log(this.bookName + "销售");
    };
    return Book;
}());
var book1 = new Book("西游记", 11, "吴承恩");
// 调用 Book 类中的方法
book1.shelf();
book1.sales();
var book2 = new Book("三国演义", 22, "罗贯中");
// 调用 Book 类中的方法
book2.shelf();
book2.sales();
```

运行此代码得到的结果如图 4-13 所示。

图 4-13　面向对象编程示例代码的运行结果

4.2.2　封装与抽象

抽象是面向对象编程的基本概念，它是一种数据隐藏机制，使复杂的程序变得更简单。封装同样也是一种数据隐藏机制，它是将数据和信息绑定到单个实体中的方法，并通过权限修饰符来限制外部访问。

例 4-33　封装与抽象的示例代码

```
// 图书类
class Book {
```

```
    // 私有属性
    private quantity: number;
    // 只读属性
    readonly make: string;
    // 构造方法
    constructor(make: string) {
      this.quantity = 0;
      this.make = make;
    }
    get getBook() {
      return this.quantity;
    }
    // 静态方法在原有书籍的数量上累加
    private setBook(delta: number) {
      // 判断传入的值是否大于零
      if (delta > 0) {
        this.quantity += delta;
      } else {
        console.log(" 最少需要购买一本书籍 ")
      }
    }
    // 公开方法
    public purchase(delta: number) {
      this.setBook(delta);
    }
}
const book: Book = new Book(' 西游记 ');
// 调用 Book 中的方法
book.purchase(10);
book.purchase(10);
console.log(" 当前共有书籍:" + book.make + "," + book.getBook + " 本 "); // 当前拥有书籍
```

在终端中输入 tsc 指令后可以得到 JavaScript 代码。

例 4-34　封装与抽象示例代码编译的 JavaScript 代码

```
// 图书类
class Book {
    // 构造方法
    constructor(make) {
        this.quantity = 0;
        this.make = make;
    }
    get getBook() {
        return this.quantity;
    }
    // 静态方法在原有书籍的数量上累加
    setBook(delta) {
        // 判断传入的值是否大于零
        if (delta > 0) {
```

```
                this.quantity += delta;
            }
            else {
                console.log("最少需要购买一本书籍");
            }
        }
        // 公开方法
        purchase(delta) {
            this.setBook(delta);
        }
    }
    const book = new Book('西游记');
    // 调用 Book 中的方法
    book.purchase(10);
    book.purchase(10);
    console.log("当前共有书籍: " + book.make + "," + book.getBook + "本"); // 当前拥有书籍
```

运行此代码得到的结果如图 4-14 所示。

图 4-14　封装与抽象示例代码的运行结果

4.2.3　对象继承

对象继承是面向对象中很重要的一方面，新对象继承原有对象后，可以拥有原有对象所有的非私有的对象和方法，可以大大地减少代码量，增加代码的可维护性。想要实现对象继承，需要先实现类成员的继承和实例成员的继承。

4.2.4　多重继承

在 TypeScript 中，子类继承父类时，一个子类只能继承一个父类，不支持同时继承多个父类。当一个类需要继承多个父类时，可以通过多重继承来实现，例如，一个员工类（Employee）继承小组类（Group），而小组类继承工厂类（Factory），那么此时员工类就继承了小组类和工厂类。

例 4-35　多重继承的示例代码

```
// 工厂类
class Employee {
    // 在属性名称之后添加感叹号（！）即表示当前属性可以不赋初始值
```

```
    empName!:string;
  }
  // 小组类，继承了 Employee 类
  class Group extends Employee {
    groupName: string;
    constructor(groupName: string) {
     super()
     this.groupName = groupName
    }
  }
  // 员工类，继承了 Employee 和 Group 类
  class Factory extends Group {
    factoryName: string;
    constructor(groupName: string, factoryName: string) {
     super(groupName)
     this.factoryName = factoryName
    }
  }
  var factory = new Factory("张三", "一组");
  // 赋值
  factory.empName = '食品加工厂'
  // 打印结果
  console.log(factory)
```

在终端中输入 tsc 指令后可以得到 JavaScript 代码。

例 4-36　多重继承示例代码编译的 JavaScript 代码

```
    var __extends = (this && this.__extends) || (function () {
       var extendStatics = function (d, b) {
          extendStatics = Object.setPrototypeOf ||
             ({ __proto__: [] } instanceof Array && function (d, b) { d.__proto__ = b; }) ||
             function (d, b) { for (var p in b) if (Object.prototype.hasOwnProperty.call(b, p)) d[p] = b[p]; };
          return extendStatics(d, b);
       };
       return function (d, b) {
          if (typeof b !== "function" && b !== null)
             throw new TypeError("Class extends value " + String(b) + " is not a constructor or null");
          extendStatics(d, b);
          function __() { this.constructor = d; }
          d.prototype = b === null ? Object.create(b) : (__.prototype = b.prototype, new __());
       };
    })();
    // 工厂类
    var Employee = /** @class */ (function () {
       function Employee() {
```

```
    }
    return Employee;
}());
// 小组类，继承了 Employee 类
var Group = /** @class */ (function (_super) {
    __extends(Group, _super);
    function Group(groupName) {
        var _this = _super.call(this) || this;
        _this.groupName = groupName;
        return _this;
    }
    return Group;
}(Employee));
// 员工类，继承了 Employee 和 Group 类
var Factory = /** @class */ (function (_super) {
    __extends(Factory, _super);
    function Factory(groupName, factoryName) {
        var _this = _super.call(this, groupName) || this;
        _this.factoryName = factoryName;
        return _this;
    }
    return Factory;
}(Group));
var factory = new Factory("张三", "一组");
// 赋值
factory.empName = '食品加工厂';
// 打印结果
console.log(factory);
```

运行此代码得到的结果如图 4-15 所示。

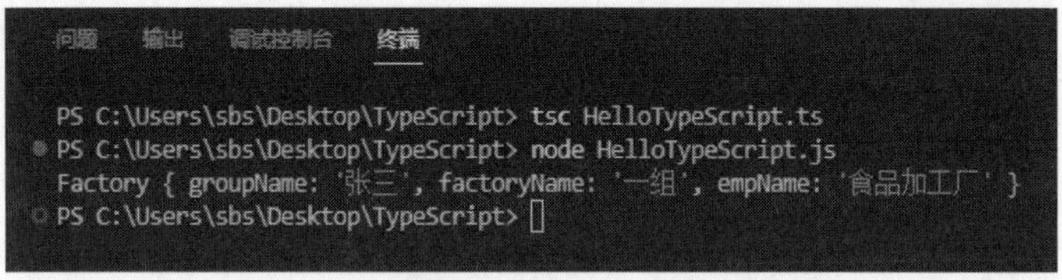

图 4-15　多重继承示例代码的运行结果

4.2.5　方法的重载与重写

重载指的是子类继承父类时对父类中的方法进行重新定义。重写则是子类对父类中允许访问的方法进行重新编写。重载是子类的方法名称和父类的方法名称相同，但是参数不同，返回类型可以相同，也可以不同。重写是方法的名称参数、返回值类型都不变，只是修改了方法体。

例 4-37　重载与重写的示例代码

```
class Employee {
  // 添加属性并给属性赋初始值
  employeeName: string = " 小明 ";
  employeeAge: number = 18;
  // 声明构造函数
  constructor(employeeName: string, employeeAge: number) {
     this.employeeName = employeeName
     this.employeeAge = employeeAge
  }
  // 定义方法
  output() {
     console.log(" 姓名: "+ this.employeeName + ", 年龄: " + this.employeeAge);
  }
  output1() {
     console.log(" 姓名: "+ this.employeeName + ", 年龄: " + this.employeeAge);
  }
}
class Group extends Employee {
  group: string = " 一组 ";
  constructor(employeeName: string, employeeAge: number, group: string) {
     // 调用父类的构造方法，对父类中的属性进行初始化
     super(employeeName, employeeAge)
     this.group = group
  }
  groupMethod() {
     console.log(" 分组为: "+ this.group);
  }
   // 定义方法
  output() {
     console.log(" 我是重写后的方法 ");
     super.output();
  }
  output1() {
     console.log(" 我是重载后的方法 ");
     super.output()
  }
}
const group = new Group(' 张三 ', 18, ' 三组 ');
console.log(group);
// 调用方法
group.groupMethod();
group.output();
group.output1();
```

在终端中输入 tsc 指令后可以得到 JavaScript 代码。

例 4-38　重载与重写示例代码编译的 JavaScript 代码

```
var __extends = (this && this.__extends) || (function () {
   var extendStatics = function (d, b) {
```

```
            extendStatics = Object.setPrototypeOf ||
                ({ __proto__: [] } instanceof Array && function (d, b) { d.__proto__ = b; }) ||
                function (d, b) { for (var p in b) if (Object.prototype.hasOwnProperty.call(b, p)) d[p] = b[p]; };
            return extendStatics(d, b);
        };
        return function (d, b) {
            if (typeof b !== "function" && b !== null)
                throw new TypeError("Class extends value " + String(b) + " is not a constructor or null");
            extendStatics(d, b);
            function __() { this.constructor = d; }
            d.prototype = b === null ? Object.create(b) : (__.prototype = b.prototype, new __());
        };
    })();
    var Employee = /** @class */ (function () {
        //声明构造函数
        function Employee(employeeName, employeeAge) {
            //添加属性并给属性赋初始值
            this.employeeName = "小明";
            this.employeeAge = 18;
            this.employeeName = employeeName;
            this.employeeAge = employeeAge;
        }
        //定义方法
        Employee.prototype.output = function () {
            console.log("姓名:" + this.employeeName + ",年龄:" + this.employeeAge);
        };
        Employee.prototype.output1 = function () {
            console.log("姓名:" + this.employeeName + ",年龄:" + this.employeeAge);
        };
        return Employee;
    }());
    var Group = /** @class */ (function (_super) {
        __extends(Group, _super);
        function Group(employeeName, employeeAge, group) {
            var _this = 
            //调用父类的构造方法,对父类中的属性进行初始化
            _super.call(this, employeeName, employeeAge) || this;
            _this.group = "一组";
            _this.group = group;
            return _this;
        }
        Group.prototype.groupMethod = function () {
            console.log("分组为:" + this.group);
        };
```

```
    // 定义方法
    Group.prototype.output = function () {
        console.log(" 我是重写后的方法 ");
        _super.prototype.output.call(this);
    };
    Group.prototype.output1 = function () {
        console.log(" 我是重载后的方法 ");
        _super.prototype.output.call(this);
    };
    return Group;
}(Employee));
var group = new Group(' 张三 ', 18, ' 三组 ');
console.log(group);
// 调用方法
group.groupMethod();
group.output();
group.output1();
```

运行此代码得到的结果如图 4-16 所示。

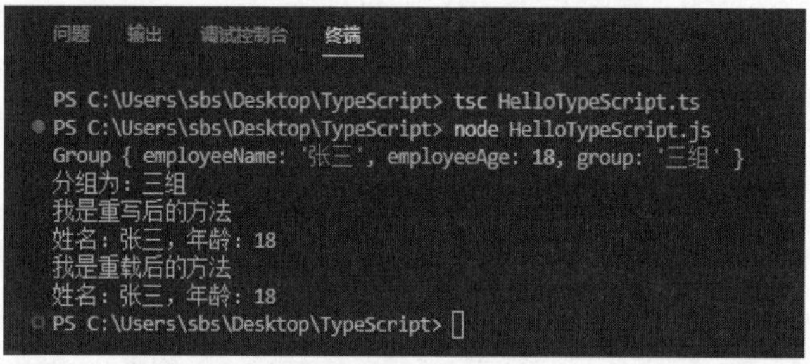

图 4-16 重载与重写示例代码的运行结果

4.2.6 多态

多态必须在继承的前提下,并且子类必须重写父类中的方法,通过父类引用调用重写的方法。子类继承父类方法时,重写父类中的方法,实现不同类型的对象调用相同方法时,返回不同的行为。

例 4-39 多态的示例代码

```
  // 动物类
class animal {
  public species: string;
  constructor(species: string) {
    this.species = species
  }
  counts(): void {
    console.log(this.species)
```

```
  }
}
// 狗类，继承 animal 类
class Dog extends animal {
  constructor(species: string) {
    super(species)
  }
  // 方法
  counts(): void {
    console.log(" 我是 " + this.species + "，我的叫声是，汪汪汪 ")
  }
}
// 猫类，继承 animal 类
class Cat extends animal {
  constructor(species: string) {
    super(species)
  }
  // 方法
  counts(): void {
    console.log(" 我是 " + this.species + "，我的叫声是，喵喵喵 ")
  }
}
const dog = new Dog(' 狗 ');
// 调用方法
dog.counts();
const cat = new Cat(' 猫 ');
// 调用方法
cat.counts();
```

在终端中输入 tsc 指令后可以得到 JavaScript 代码。

例 4-40　重多态示例代码编译的 JavaScript 代码

```
    var __extends = (this && this.__extends) || (function () {
        var extendStatics = function (d, b) {
            extendStatics = Object.setPrototypeOf ||
                ({ __proto__: [] } instanceof Array && function (d, b) { d.__proto__ = b; }) ||
                function (d, b) { for (var p in b) if (Object.prototype.hasOwnProperty.call(b, p)) d[p] = b[p]; };
            return extendStatics(d, b);
        };
        return function (d, b) {
            if (typeof b !== "function" && b !== null)
                throw new TypeError("Class extends value " + String(b) + " is not a constructor or null");
            extendStatics(d, b);
            function __() { this.constructor = d; }
            d.prototype = b === null ? Object.create(b) : (__.prototype = b.prototype, new __());
```

```
    };
})();
// 动物类
var animal = /** @class */ (function () {
    function animal(species) {
        this.species = species;
    }
    animal.prototype.counts = function () {
        console.log(this.species);
    };
    return animal;
}());
// 狗类,继承 animal 类
var Dog = /** @class */ (function (_super) {
    __extends(Dog, _super);
    function Dog(species) {
        return _super.call(this, species) || this;
    }
    // 方法
    Dog.prototype.counts = function () {
        console.log("我是" + this.species + ",我的叫声是,汪汪汪");
    };
    return Dog;
}(animal));
// 猫类,继承 animal 类
var Cat = /** @class */ (function (_super) {
    __extends(Cat, _super);
    function Cat(species) {
        return _super.call(this, species) || this;
    }
    // 方法
    Cat.prototype.counts = function () {
        console.log("我是" + this.species + ",我的叫声是,喵喵喵");
    };
    return Cat;
}(animal));
var dog = new Dog('狗');
// 调用方法
dog.counts();
var cat = new Cat('猫');
// 调用方法
cat.counts();
```

运行此代码得到的结果如图 4-17 所示。

图 4-17 多态示例代码的运行结果

4.3 就业面试技巧与解析

本章主要讲解了 TypeScript 的函数和类的使用，通过上面的讲解相信大家都已熟练掌握。这些知识在面试中常以下面的形式体现。

4.3.1 面试技巧与解析（一）

面试官：说一说什么是类，又具有什么特性。

应聘者：类是实现面向对象思想的方法，它是对对象的抽象，是一种抽象的数据类型。一个类通常由构造器、属性和方法组成。TypeScript 是一门面向对象的编程语言，因此 TypeScript 中声明的类也具有封装、继承、多态和抽象的特性。

4.3.2 面试技巧与解析（二）

面试官：你是怎么理解 TypeScript 中的继承和多态的？

应聘者：继承是现有类的一种复用方式，它可以大大提高代码的重用性，当一个类继承了一个现有类时，它将拥有被继承类中所有的非私有的属性和方法，并可以对所继承的属性和方法进行覆盖和扩展。

多态是在继承的基础上实现的，是指一个事物在不同的情况下有不同的表现形式。多态允许将子类对象视为父类对象来使用，父类引用指向子类对象时，调用相同的方法，返回不同的结果，这就是面向对象的多态性。

第 5 章
使用数组和泛型

本章概述

第 2 章讲解了数组和元组的定义。本章主要对数组类型、元组类型、泛型类型及接口进行详细讲解。与数值类型一样，数组类型、元组类型、泛型类型也是程序开发中常用的基本类型。接口类似于对象类型的字面量，可以表示任意的对象类型。

知识导读

本章要点（已掌握的在方框中打钩）
- □ TypeScript 接口。
- □ 使用泛型。
- □ 使用数组。
- □ 使用元组。

5.1 TypeScript 接口

TypeScript 接口的定义和 Java 接口的定义类似。在 TypeScript 中，接口只给出了属性和方法的约定，并未给出具体的实现，它是一系列抽象属性和方法的声明。接口中的方法都是抽象的，需要由具体的类去实现。接口可以理解为是一种规范的定义，在程序中接口有限制和规范的作用，定义了一批类必须遵循的规范。

5.1.1 创建和使用接口

创建接口时需要使用关键字 interface 来声明。一个完整的接口通常由 interface 关键字、接口名、抽象方法和属性组成，且接口名必须满足标识符的命名规则，同时接口中只能包含抽象方法和属性，不能有具体的实现细节。

1. 接口的创建和使用

接口中的属性不能赋初始值，也不能有 public 等访问修饰符。

例 5-1　接口的创建和使用的示例代码

```
/**
 * 接口的基本语法
 * interface 接口名 {
 *     属性和方法定义
 * }
 */
// 声明接口
interface Animal {
  dogName: string;
  dogAge: number;
  call: ()=>string
}
var customer:Animal = {
  dogName: "旺财",
  dogAge: 3,
  call: () =>{return "汪汪汪"}
}
console.log("我的名字是: " + customer.dogName)
console.log("我今年," + customer.dogAge + "岁")
console.log("我的叫声是: " + customer.call())
```

在终端中输入 tsc 指令后可以得到 JavaScript 代码。

例 5-2　接口的创建和使用示例代码编译的 JavaScrip 代码

```
var customer = {
    dogName: "旺财",
    dogAge: 3,
    call: function () { return "汪汪汪"; }
};
console.log("我的名字是: " + customer.dogName);
console.log("我今年, " + customer.dogAge + "岁");
console.log("我的叫声是: " + customer.call());
```

运行此代码得到的结果如图 5-1 所示。

图 5-1　接口的创建和使用示例代码的运行结果

2. 接口的可选属性和可选方法的创建与使用

通过在属性名称和方法名称后添加问号（？）来声明当前属性或方法为可选属性或方法。

例 5-3　接口可选属性和方法的创建和使用的示例代码

```
// 声明接口
interface Animal {
  dogName: string;
  dogAge?: number;// 声明为可选属性
  call: ()=>string
}
var customer:Animal = {
  dogName: "旺财",
  call: () =>{return "汪汪汪"}
}
console.log("我的名字是: " + customer.dogName)
console.log("我今年, " + customer.dogAge + "岁")
console.log("我的叫声是: " + customer.call())
```

编译为 JavaScript 代码后运行结果如图 5-2 所示。

图 5-2　接口可选属性和方法的创建和使用示例代码的运行结果

3. 接口的实现

在 TypeScript 中，一个类不允许同时继承多个类，但是一个类可以同时实现多个接口，接口通过关键字 implements 来实现。

例 5-4　接口的实现的示例代码

```
// 声明接口
interface Animal {
  dogName: string;
  readonly dogAge: number;// 声明为可选属性
  call: ()=>string
}
interface Variety {
  dogVariety: string;
}
// 同时实现 Animal 接口和 Variety 接口
class customer implements Animal, Variety{
  dogName: string = "旺财";
  dogAge: number = 1;
  dogVariety: string = "贵宾犬"
```

```
  call(){
    return "汪汪汪"
  }
}
let e = new customer();
console.log("我的名字是: " + e.dogName);
console.log("我的品种是: " + e.dogVariety);
console.log("我今年, " + e.dogAge + "岁");
console.log("我的叫声是: " + e.call());
```

编译为 JavaScript 代码后运行结果如图 5-3 所示。

图 5-3　接口的实现示例代码的运行结果

5.1.2　扩展其他类型

在日常的开发过程中，数组和联合类型是比较常用的类型。在接口中同样也支持数组和联合类型。下面讲解数组和联合类型在接口中的应用。

1. 接口和数组

在接口中声明一个数组，将数组的索引值和元素分别设置为 number 类型和 string 类型。

例 5-5　接口和数组的示例代码

```
// 在接口中声明一个数组
interface Animal {
  [index:number]:string;
}
// 引用接口
var list:Animal = ["旺财","招财","二哈"];
console.log(list);
```

编译为 JavaScript 代码后运行结果如图 5-4 所示。

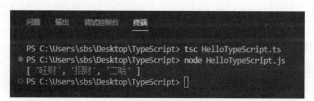

图 5-4　接口和数组示例代码的运行结果

2. 接口和联合类型

在接口中声明一个类型为 number、string、string[] 联合类型的属性。

例 5-6　接口和联合类型的示例代码

```typescript
// 在接口中声明一个数组
interface Animal {
  dogName: number | string | string[];
}
// 引用接口
// 数值类型
var list:Animal ={dogName: 123};
console.log(list);
// 字符串类型
var list:Animal ={dogName: "旺财"};
console.log(list);
// 数组类型
var list:Animal ={dogName: ["旺财","招财","二哈"]};
console.log(list);
```

编译为 JavaScript 代码后运行结果如图 5-5 所示。

图 5-5　接口和联合类型示例代码的运行结果（一）

5.1.3　接口的索引签名

在 TypeScript 的接口中，用于描述使用索引访问的对象属性的类型称为索引签名。索引签名共有两种，一种是字符串索引签名，另一种是数值索引签名。字符串索引签名与数值索引签名的区别如下：

（1）字符串索引签名的牵引名类型必须是 string 类型，数值索引签名的牵引名类型必须是 number 类型。

（2）包含字符串索引的接口，其接口内属性的类型必须可以赋值给 string 类型，包含数值索引的接口，其接口内属性的类型必须可以赋值给 number 类型。

（3）一个接口中只能存在一个字符串索引签名和一个数值索引签名。

1. 字符串索引签名的使用

例 5-7　字符串索引签名的示例代码

```typescript
interface A {
```

```
  [index: string]: number;
  a: 1;
  // 编译错误，类型 """ 旺财 """ 的属性 "b" 不能赋给 "string" 索引类型 "number"
  // b: "旺财";
}
```

2. 数值索引签名的使用

例 5-8　数值索引签名的示例代码

```
interface A {
  [index: number]: string;
}
const obj: A = ['a', 'b', 'c'];
```

5.2　使用泛型

泛型是程序语言中的一种特性，它可以大大提高代码的重用性。泛型可以将类型参数化，当两个方法的功能相似且参数个数一致，只是参数类型不同时，就可以使用泛型将两个方法合并成一个方法。下面将主要讲解泛型函数、泛型接口、泛型类和自定义泛型的定义和使用。

5.2.1　理解泛型

泛型是 TypeScript 语言中的一种特性，它是一种参数化类型，可以将类型的原有类型变成一种参数类型，在调用时将类型作为参数传入，传入的类型成为类型实参。在使用中泛型的数据类型由传入的类型实参确定。泛型不会对引用类型进行强制转换，因此它可以大大提高代码的性能，同时泛型还提供了一种高性能的编码方式，用来提高代码的重用性。

在 TypeScript 语言中，any 类型也可以忽略类型参数的类型，那么泛型和 any 类型又有什么本质的区别呢？

（1）any 为任意类型，代表的是任意类型，而泛型指类型中的一种类型。

（2）any 无法保证返回值类型和接收值类型一致，而泛型可以保证。

5.2.2　创建自己的泛型类型

在前面几章已经详细讲解了类和接口的定义和使用，这里将结合泛型为大家讲解泛型类和泛型接口的定义及使用。泛型类中的方法和属性都需要通过类型参数来约定，否则，定义的泛型类将没有意义。

1. 泛型类的基本语法

通过在类名之后添加类型参数来声明，一个完整的泛型类通常由 class 关键字、类名、类型参数、属性和方法组成。

例 5-9　泛型类的基本语法

```
// 泛型类的基本语法
class 类名 <类型参数> {
  // 属性和方法
}
```

2．泛型类的使用

泛型类的声明和普通类的声明区别在于，声明泛型类时必须在类名后面添加类型参数，且类型参数必须在尖括号内。

（1）示例一：泛型类的声明与调用。

例 5-10　泛型类的声明与调用的示例代码（一）

```
// 声明泛型类
class A<T> {
  constructor(private readonly generic: T) { }
}
// 调用
const a = new A<boolean>(true);
const b = new A<number>(0);
console.log(a);
console.log(b);
```

在终端中输入 tsc 指令后可以得到 JavaScript 代码。

例 5-11　泛型类的声明与调用示例代码编译的 JavaScript 代码

```
// 声明泛型类
var A = /** @class */ (function () {
    function A(generic) {
        this.generic = generic;
    }
    return A;
}());
// 调用
var a = new A(true);
var b = new A(0);
console.log(a);
console.log(b);
```

运行此代码得到的结果如图 5-6 所示。

图 5-6　泛型类的声明与调用示例代码的运行结果（一）

（2）示例二：泛型类的声明与调用（通过类表达式的方式声明）。

例 5-12　泛型类的声明与调用的示例代码（二）

```
// 声明泛型类
const A = class<T> {
  constructor(private readonly generic: T) { }
}
// 调用
const a = new A<boolean>(true);
const b = new A<number>(0);
console.log(a);
console.log(b);
```

编译为 JavaScript 代码后运行结果如图 5-7 所示。

图 5-7　泛型类的声明与调用示例代码的运行结果（二）

3. 泛型接口的基本语法

通过在接口名之后添加类型参数来声明泛型接口，一个完整的泛型接口通常由 Interface 关键字、接口名、类型参数、属性和方法组成。

例 5-13　泛型接口的基本语法

```
// 泛型接口的基本语法
Interface 接口名 <类型参数> {
  // 属性和方法
}
```

4. 泛型接口的使用

泛型接口的声明和普通接口的声明区别在于，声明泛型接口时必须在接口名称后面添加类型参数，且类型参数必须在尖括号内。

例 5-14　泛型接口的示例代码

```
// 声明泛型接口
interface A<T> extends Array<T> {
  one: T | undefined;
  two: T | undefined;
}
```

5.2.3 创建泛型函数

在 TypeScript 中，当一个函数的签名中带有类型参数时，那么这个函数就是一个泛型函数。泛型函数可以通过函数处理不同类型的数据。定义泛型函数时必须在函数名称后面用类型参数来定义，且类型参数必须在尖括号内，其中的参数可以有多个，也可以没有，一般情况下都会有一个用类型参数定义的形参。

1. 泛型函数的基本语法

一个完整的泛型函数通常由 function 关键字、函数名称、类型参数、参数、返回类型和函数体组成。

例 5-15 泛型函数的基本语法

```
// 泛型函数的基本语法
function 函数名<T>(参数1:T,...,参数n:参数类型) : 返回类型 {
  // 函数体
}
```

2. 泛型函数的使用

泛型函数中的类型参数必须写在函数名称后，且必须在尖括号内，泛型函数可以使函数处理不同类型的数据，从而使代码的重用性得到大大的提高。

（1）示例一：泛型函数的声明与调用。

例 5-16 泛型函数的声明与调用的示例代码（一）

```
// 泛型函数的声明
function generic<T>(msg: T): T {
  console.log("传入的参数为: " + msg);
  return msg;
}
// 泛型函数的调用
let a = generic<string>("hello TypeScript");
// 输出 a 的数据类型
console.log("传入的参数类型为: " + (typeof a));
```

编译为 JavaScript 代码后运行结果如图 5-8 所示。

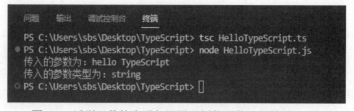

图 5-8 泛型函数的声明与调用示例代码的运行结果（一）

说明：在上述代码中定义了一个泛型函数 generic，它的类型参数、形参类型、返回值类型都为 T。T 可以理解为一个类型占位符，在调用泛型函数时传入 T 的值。

（2）示例二：泛型函数的声明与调用（当调用泛型函数时不传入类型参数）。

例 5-17　泛型函数的声明与调用的示例代码（二）

```
// 泛型函数的声明
function generic<T>(msg: T): T {
  console.log(" 传入的参数为： " + msg);
  return msg;
}
// 泛型函数的调用
let a = generic("hello TypeScript");
// 输出 a 的数据类型
console.log(" 传入的参数类型为： " + (typeof a));
```

编译为 JavaScript 代码后运行结果如图 5-9 所示。

图 5-9　泛型函数的声明与调用示例代码的运行结果（二）

说明：当调用泛型函数时未传入类型参数，编译器会根据传入参数的值来推断 T 的类型。但是在正常的编码过程中不建议省略类型参数，以免在遇到复杂函数时编译器推断错误，导致代码报错。

（3）示例三：在泛型函数中使用类型断言。

例 5-18　泛型函数中使用类型断言的示例代码

```
// 泛型函数的声明
function generic<T>(msg: T): T {
  // 判断参数类型
  if (typeof msg === "string") {
    console.log(" 字符串的长度为:" + msg.length);
  }
  // 判断参数类型
  else if (typeof msg === "number") {
    console.log(" 数值的平方为:" + msg * msg);
  }
  else {
    console.log(" 参数的类型为 :" + typeof msg);
  }
  return msg;
}
// 调用泛型函数
```

```
generic(" 小明 ");
generic(4);
generic(true);
```

编译为 JavaScript 代码后运行结果如图 5-10 所示。

图 5-10 泛型函数中使用类型断言示例代码的运行结果

5.2.4 使用泛型创建条件类型

条件类型是根据某些条件具有不同结果类型的泛型类型，本节将通过 TypeScript 中泛型的功能创建条件类型。在开始创建之前首先需要了解条件类型的基本结构。

例 5-19 使用泛型创建条件类型的代码示例

```
// 声明泛型类型
type StringType<T> = T extends string ? true : false;
type A = "aaa";
type B = {
  name: string;
};
type a = StringType<A>;//type a = true
type b = StringType<B>;//type b = false
```

说明：此代码中共创建了两种类型：A 和 B，其中类型 A 为 string 类型，类型 B 为对象类型。

在日常开发中条件类型还有一个非常有用的特性及类型推断，可以通过使用特殊关键字 infer 在 extends 子句中推断类型信息。

例 5-20 通过条件类型实现类型推断

```
// 声明泛型
type Type<T> = T extends (...args: any[]) => infer U ? U : never;
function someFunction() {
  return "abc";
}
type Return = Type<typeof someFunction>;//type Return = string
```

5.2.5 高阶条件类型用例

条件类型是 TypeScript 语言中最灵活的功能之一，使用条件类型可以创建一些高级实用的程序类型。

例 5-21 高阶条件类型用例

```
// 创建泛型
type Nested<T extends Record<string, any>, KeysToOmit extends string> =
  KeysToOmit extends `${infer Key1}.${infer Key2}`
    ?
    Key1 extends keyof T
    ?
      Omit<T, Key1>
      & {
        [Keys in Key1]: Nested<T[Keys], Key2>
      }
    : T
  : Omit<T, KeysToOmit>;
type A = {
  a: {
    b: {
      c: number;
      d: number;
    };
    e: number;
  };
  f: number;
};
  type Result = Nested<A, "a.b">;
// Result 的类型为
// type Result = Omit<A, "a"> & {
//     a: Omit<{
//       b: {
//         c: number;
//         d: number;
//       };
//       e: number;
//     }, "b">;
// }
```

5.3 使用数组

第 2 章中讲解了数组的定义，这里将继续了解和使用数组。数组就是将一系列具有相同类型的数据放在一起，组成一个新的可操作的对象。数组在一个程序中是非常重要的，它是一种必须掌握的数据类型。使用数组可以有效提高代码的可读性，使代码变得更加整洁。

5.3.1 数组的访问

创建一个数组就是为了使用它。一个数组中通常会存放多个元素,在实际开发中通常使用数组的下标获取元素和通过循环获取数组中的元素。

1. 通过下标获取数组中的元素

例 5-22 通过下标获取数组中元素的示例代码

```
// 通过下标获取数组中的元素
// 声明数组
let array = ["a", "b", "c"];
// 通过数组下标获取元素
console.log("数组中的第一个元素为:" + array[0]);
```

编译为 JavaScript 代码后运行结果如图 5-11 所示。

图 5-11 通过下标获取数组中元素示例代码的运行结果

2. 通过循环获取数组中的元素

(1)示例一:通过 for 循环获取数组中的元素。

例 5-23 通过 for 循环获取数组中元素的示例代码

```
// 通过 for 循环获取数组中的元素
// 声明数组
let array = ["a", "b", "c"];
// 获取数组中的长度
let len = array.length;
// 遍历数组
for (let i = 0; i < len; i++) {
  // 打印数组中的每个元素
  console.log("我是第" + (i+1) +"个元素,我的值为:" + array[i]);
}
```

编译为 JavaScript 代码后运行结果如图 5-12 所示。

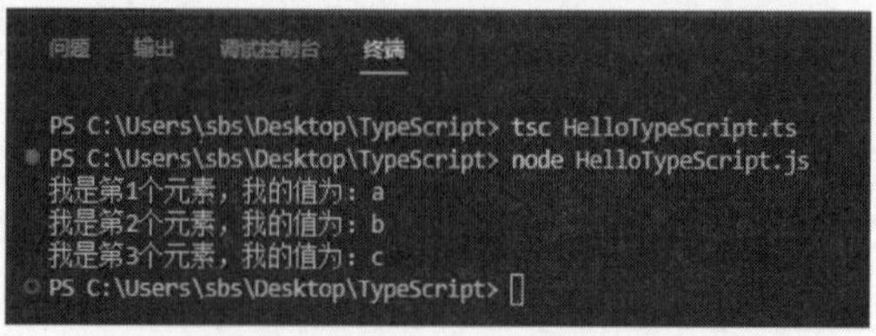

图 5-12 通过 for 循环获取数组中元素示例代码的运行结果

提示：获取数组长度的方法建议放在循环之外，这样可以有效提高代码的运行效率，因为放在循环内的话，每次循环都会计算一次数组的长度。

（2）示例二：通过 for…in 循环获取数组中的元素。

例 5-24 通过 for…in 循环获取数组中元素的示例代码

```
// 通过 for…in 循环获取数组中的元素
// 声明数组
let array = ["a", "b", "c"];
// 声明一个变量
let a = 1;
// 遍历数组
for (let i in array) {
  // 打印数组中的每个元素
  console.log("我是第" + a +"个元素，我的值为：" + array[i]);
  // 循环时对变量 a 累加
  a++;
}
```

编译为 JavaScript 代码后运行结果如图 5-13 所示。

图 5-13　通过 for…in 循环获取数组中元素示例代码的运行结果

（3）示例三：通过 for…of 循环获取数组中的元素。

例 5-25 通过 for…of 循环获取数组中元素的示例代码

```
// 通过 for…of 循环获取数组中的元素
// 声明数组
let array = ["a", "b", "c"];
// 声明一个变量
let a = 1;
// 遍历数组
for (let i of array) {
  // 打印数组中的每一个元素
  console.log("我是第" + a +"个元素，我的值为：" + i);
  // 循环时对变量 a 累加
  a++;
}
```

编译为 JavaScript 代码后运行结果如图 5-14 所示。

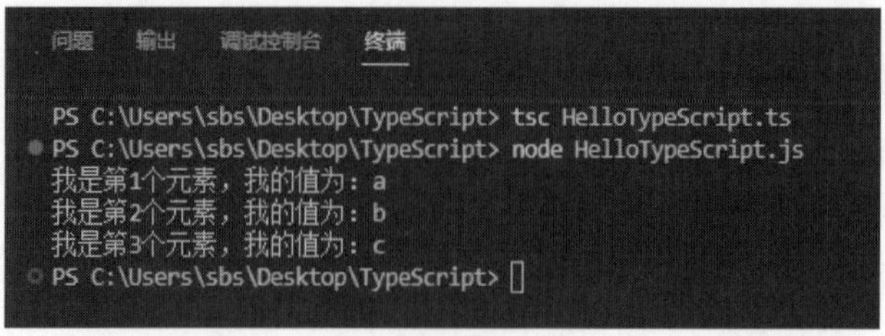

```
PS C:\Users\sbs\Desktop\TypeScript> tsc HelloTypeScript.ts
PS C:\Users\sbs\Desktop\TypeScript> node HelloTypeScript.js
我是第1个元素，我的值为：a
我是第2个元素，我的值为：b
我是第3个元素，我的值为：c
PS C:\Users\sbs\Desktop\TypeScript>
```

图 5-14　通过 for…of 循环获取数组中元素示例代码的运行结果

5.3.2　数组的更新和删除

使用数组时，数组的更新和删除是数组的最基本操作。更新数组中的元素，可以通过元素的下标获取元素并给元素重新赋值。可以通过 delete 来删除数组中的某个元素。需要注意的是，使用 delete 删除元素后，数组的长度不变，删除的元素的值为 undefined。

例 5-26　数组的更新和删除的示例代码

```
// 数组的更新和删除
// 声明数组
let array = ["a", "b", "c"];
// 修改下标为1的元素的值
array[1] = "bb";
// 删除下标为2的元素的值
delete array[2];
// 声明一个变量
let a = 1;
// 遍历数组
for (let i of array) {
  // 打印数组中的每个元素
  console.log(" 我是第" + a +"个元素，我的值为：" + i);
  // 循环时对变量a累加
  a++;
}
```

编译为 JavaScript 代码后运行结果如图 5-15 所示。

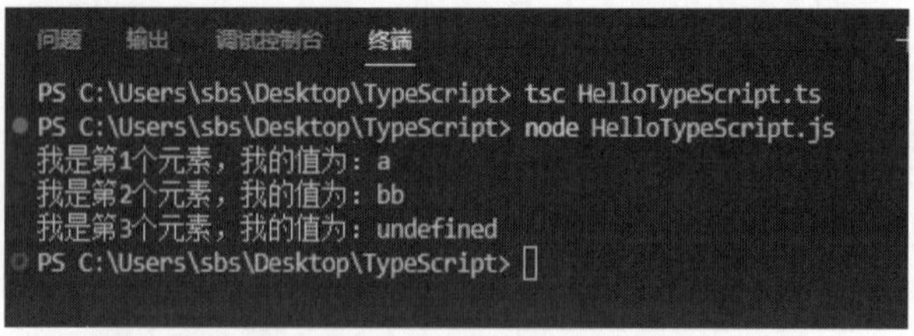

```
PS C:\Users\sbs\Desktop\TypeScript> tsc HelloTypeScript.ts
PS C:\Users\sbs\Desktop\TypeScript> node HelloTypeScript.js
我是第1个元素，我的值为：a
我是第2个元素，我的值为：bb
我是第3个元素，我的值为：undefined
PS C:\Users\sbs\Desktop\TypeScript>
```

图 5-15　数组的更新和删除示例代码的运行结果

5.4 使用元组

第 2 章讲解了元组的定义,在这里将继续更加深入地了解和使用元组。元组类型是数组类型的子类型,它的声明和初始化与数组类似。与数组不同的是,元组中的元素类型可以不同。

5.4.1 元组的访问

在 TypeScript 中,数组用于存储相同类型的对象,而元组常用于存储不同类型的对象。声明元组时 [] 中的类型是必不可少的,这一点和声明数组不同。元组类型从本质上讲也是数组,因此,可以用访问数组的方式来访问元组。

(1) 通过元组的下标获取元素值。

例 5-27　通过元组下标获取元素值的示例代码

```
// 声明一个元组
let x:[number, string] = [1, 'a'];
// 获取元组中的数据
console.log("元组中的第一个元素为:" + x[0]);
```

编译为 JavaScript 代码后运行结果如图 5-16 所示。

图 5-16　通过元组下标获取元素值的运行结果

(2) 通过 for…in 遍历元组获取元素值。

例 5-28　通过 for…in 获取元素值的示例代码

```
// 声明一个元组
let x:[number, string] = [1, 'a'];
// 声明一个变量 a
let a = 1;
// 遍历元组中的元素
for (let i in x) {
  console.log("我是第" + a +"个元素,我的值为:" + x[i]);
  a++;
}
```

编译为 JavaScript 代码后运行结果如图 5-17 所示。

图 5-17　通过 for…in 获取元素值的运行结果

（3）通过 for…of 遍历元组获取元素值。

例 5-29　通过 for…of 获取元素值的示例代码

```
// 声明一个元组
let x:[number, string] = [1, 'a'];
// 声明一个变量a
let a = 1;
// 遍历元组中的元素
for (let i of x) {
  console.log("我是第" + a +"个元素，我的值为: " + i);
  a++;
}
```

编译为 JavaScript 代码后运行结果如图 5-18 所示。

图 5-18　通过 for…of 获取元素值的运行结果

（4）通过 forEach 遍历元组，获取元素值。

例 5-30　通过 forEach 获取元素值的示例代码

```
// 声明一个元组
let x:[number, string] = [1, 'a'];
// 遍历元组中的元素
x.forEach(function (value, index){
  console.log("我是第" + (index + 1) +"个元素，我的值为: " + value);
});
```

编译为 JavaScript 代码后运行结果如图 5-19 所示。

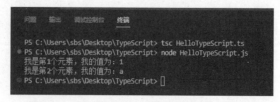

图 5-19　通过 forEach 获取元素值的运行结果

5.4.2 元组操作

操作元组和操作数组类似，只是方法不同。在元组中可以通过 push 方法向元组中添加元素，但添加的元素在元组的末尾。可以通过 push 方法删除元组中的元素。可以通过下标获取元素的值并对其重新赋值以实现元素的更新。

（1）使用 push() 方法向元组中添加元素。

例 5-31　push() 方法的示例代码

```
//元组操作 push() 方法
//声明一个元组
let x:[number, string] = [1, 'a'];
//新增元素
x.push('b');
console.log("元组 X 中的元素为： " + x);
//批量新增元素
x.push('c','d');
console.log("元组 X 中的元素为： " + x);
```

编译为 JavaScript 代码后运行结果如图 5-20 所示。

图 5-20　push() 方法示例代码的运行结果

提示：批量新增元素时元素之间需要使用逗号分开，且元组无法通过下标越界来添加元素。

（2）使用 pop() 方法删除数组中的元素，且删除的数组为元组中的最后一位。

例 5-32　pop() 方法的示例代码

```
//元组操作 pop() 方法
//声明一个元组
let x:[number, string] = [1, 'a'];
//删除元素
x.pop();
console.log("元组 X 中的元素为： " + x);
```

编译为 JavaScript 代码后运行结果如图 5-21 所示。

图 5-21　pop() 方法示例代码的运行结果

（3）更新元组：元组是可变的，当元组初始化后可以通过元素的下标获取元素，然后对其重新赋值，这样即可实现元组的更新。

例 5-33　更新元组的示例代码

```
// 更新元组
// 声明一个数组
let x:[number, string] = [1, 'a'];
// 将下标为 0 的元素值改为 11
x[0] = 11;
console.log(" 元组 X 中的元素为: " + x);
```

编译为 JavaScript 代码后运行结果如图 5-22 所示。

图 5-22　更新元组示例代码的运行结果

提示：更新元素时，赋值的类型必须和原类型兼容且不能越界。

5.4.3　元组解构

与 JavaScript 一样，TypeScript 也可以通过解构元组来获取元组中的元素。

例 5-34　解构元组的示例代码

```
// 解构元组
let x:[number, string, string] = [1, 'hello' , '小明'];
let [a, b, c] = x;
console.log(a);
console.log(b);
console.log(c);
// 可以通过使用 "..." 来实现获取元组中的部分元素
let [d, ...e] = x;
console.log(d);
console.log(e);
```

编译为 JavaScript 代码后运行结果如图 5-23 所示。

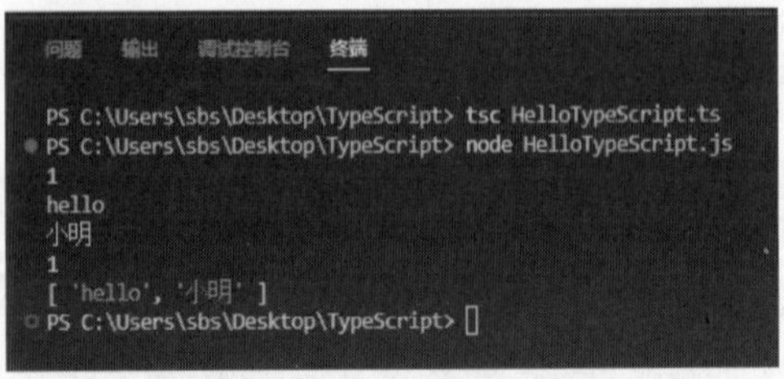

图 5-23　解构元组示例代码的运行结果

提示：解构元组时不能越界解构，否则会报错。

5.5　就业面试技巧与解析

本章主要讲解了 TypeScript 接口、TypeScript 泛型、数组和元组的使用，通过上面的讲解相信大家都已熟练掌握。这些知识在面试中常以下面的形式体现。

5.5.1　面试技巧与解析（一）

面试官：说一说什么是泛型，以及泛型给开发带来了哪些好处。
应聘者：泛型是指在定义类、接口和函数时不指定具体的类型，而是在调用时再指定类型的一种特性。在编码中使用泛型可以大大提高代码的重用性，使代码变得更加整洁。

5.5.2　面试技巧与解析（二）

面试官：说一说什么是数组，什么是元组，它们之间有什么区别。
应聘者：数组和元组都是 TypeScript 中的基本数据类型，且元组从本质上讲也是一种数组，数组用于存储相同类型的对象，而元组常用于存储不同类型的对象。数组和元组的区别如下。
（1）声明方式不同：声明元组时需要指定元组对象中的类型，声明数组时则不需要。
（2）新增元素时方式不同：数组可以通过下标越界向数组中添加元素。元组无法直接通过下标越界向数组中添加元素，需要使用 push() 方法才能实现向数组中添加元素的操作。
（3）删除元素时方式不同：数组通过 delete 删除元素，且删除元素后数组长度不变。元组通过 pop() 方法删除元素，删除元素后元组长度改变。

第 6 章
使用TypeScript和JavaScript组合开发项目

经过前面几章的学习，已经详细介绍了 TypeScript 中的基本语法。每门语言都有它存在的意义和特性。下面将详细介绍 TypeScript 的类型定义文件，并通过引用 JavaScript 库编写一个 TypeScript 应用程序，以及在 JavaScript 项目中使用 TypeScript 的案例。

本章要点（已掌握的在方框中打钩）
☐ 类型定义文件。
☐ 使用 JavaScript 库的 TypeScript 应用程序示例。
☐ 在 JavaScript 项目中使用 TypeScript。

6.1 类型定义文件

TypeScript 作为 JavaScript 的超集，包含 JavaScript 的所有语法特性，同时它也解决了 JavaScript 语言自有类型系统的不足。相比 JavaScript，TypeScript 的创建时间要晚很多，从 JavaScript 语言创建以来，世界各地的开发者发布了成千上万个使用 JavaScript 编写的库，而由于 TypeScript 语言的创建时间过短，因此它并不像 JavaScript 一样拥有各种各样的 JavaScript 库。但是通过类型定义文件可以在 TypeScript 的开发中引用 JavaScript 库，并且在使用 JavaScript 库的 API 时依旧可以享用静态类型分析、自动补全功能和编译报错及时报告的特性。

6.1.1 了解类型定义文件

类型定义文件的作用是让 TypeScript 编译器知道 JavaScript 库和运行时的 API 所期望的

类型。类型定义文件中只包含 JavaScript 库中使用的变量和函数的名称。下面将以 jQuery 的类型定义文件的安装为例，详细介绍类型定义文件的安装流程，具体流程如下。

（1）新建一个文件夹并命名为 demo-01，使用 Visual Studio Code 将其打开，如图 6-1 所示。

图 6-1 创建并打开 demo-01 文件夹

（2）在终端中输入指令 npm init -y，创建一个新目录并将其转换为 npm 项目，此时会在文件夹下生成一个 package.json 文件，此文件为项目的配置文件，如图 6-2 和图 6-3 所示。

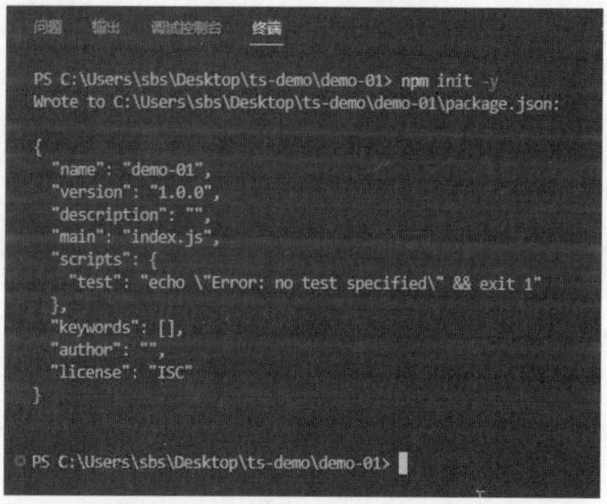

图 6-2 运行 npm init -y 指令

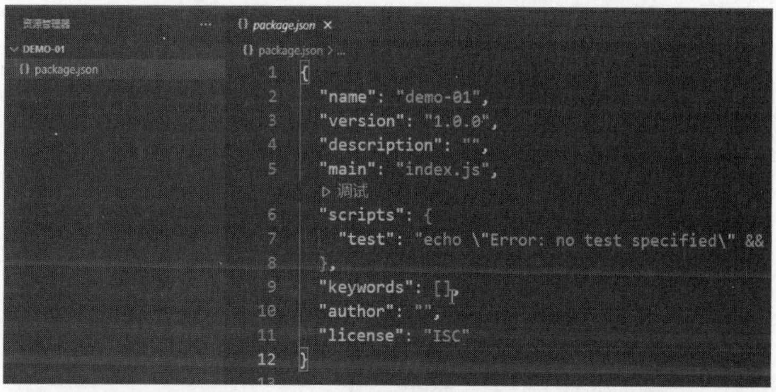

图 6-3 生成的 package.json 文件

（3）在终端中输入指令 npm install @types/jquery -D，安装 jQuery 的类型定义文件，如图 6-4 所示。

图 6-4　在终端中输入指令 npm install @types/jquery -D

（4）运行 npm install @types/jquery -D 指令后会在文件夹 demo-01 中生成图 6-5 所示的文件。其中扩展名为 .d.ts 的文件为类型定义文件。在运行 npm install @types/jquery -D 指令后会在 package.json 文件中添加 devDependencies 属性，如图 6-6 所示。

图 6-5　运行 npm install @types/jquery -D 生成的文件

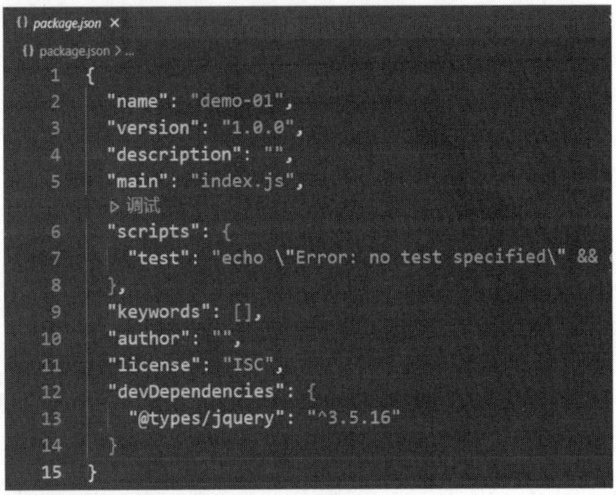

图 6-6　导入的 jQuery 版本

6.1.2　类型定义文件与 IDE

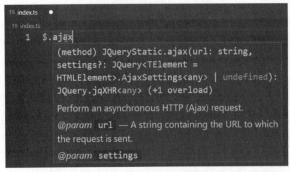

图 6-7　$.ajax() 方法中的强类型参数

在 Visual Studio Code 中使用类型定义文件，首先在 Visual Studio Code 中打开上一节创建的 demo-01 项目，并在项目中新建一个 index.ts 文件，在文件中输入 $.ajax() 方法，将鼠标悬浮在 $.ajax() 方法上会提示方法带有的强类型参数，如图 6-7 所示。

6.1.3 shim 与类型定义

shim 是一个库,它拦截 API 调用并转换代码,以便旧的环境(如 IE 11)可以支持新的 API(如 ES6)。例如,ES6 为数组引入了 find() 方法,该方法查找满足所提供条件的第一个元素,实现方式如下。

(1)在 Visual Studio Code 中打开 6.1.2 节创建的 demo-01 项目,并在 index.ts 文件中输入代码。

例 6-1 find() 方法的示例代码

```
const data = [1, 2, 3, 4, 5];
const index = data.find(item => item > 3);
console.log("数组中第一个大于 3 的数值为:" + index)
```

(2)修改 package.json 文件。

例 6-2 修改后的 package.json 文件

```
{
  "name": "demo-01",
  "version": "1.0.0",
  "description": "",
  "main": "index.js",
  "scripts": {
    "dev": "ts-node ./index.ts"
  },
  "keywords": [],
  "author": "",
  "license": "ISC",
  "devDependencies": {
    "@types/jquery": "^3.5.16"
  }
}
```

(3)在终端中输入指令 npm run dev,运行示例,结果如图 6-8 所示。

图 6-8 find() 方法的运行结果

6.1.4　创建自己的类型定义文件

当需要引入的 JavaScript 文件是自己创建的时，就无法像安装 jQuery 一样直接通过指令安装。要想引入自己创建的 JavaScript 文件，就需要自己来创建类型定义文件了。创建类型定义文件可分为以下几步：

（1）新建一个文件夹并命名为 demo-02，在 demo-02 中新建一个 src 文件夹、一个 index.js 的文件，并在 src 文件夹中创建一个 index.ts 文件和一个 index.d.ts 文件（此文件为类型定义文件）。然后使用 Visual Studio Code 打开 demo-02 文件夹，如图 6-9 所示。

图 6-9　demo-02 文件夹的目录

（2）在 index.js 文件中编写自己的 JavaScript 代码。

例 6-3　index.js 文件中的代码

```
function customize(name) {
    console.log("hello " + name);
}
```

（3）在 index.d.ts 文件中编写代码。

例 6-4　index.d.ts 文件中的代码

```
declare function customize(name: string): void;
```

（4）在 index.ts 文件中使用三斜线指令引用 index.d.ts 文件，且三斜线指令必须放在文件的顶部。

例 6-5　index.ts 文件中的代码

```
/// <reference path = "./index.d.ts"/>
customize
```

（5）此时将鼠标悬浮在 index.ts 文件中的 customize 函数上，将会提示 customize 函数的参数类型信息，如图 6-10 所示。

图 6-10　customize 函数的参数类型信息

6.2 使用 JavaScript 库的 TypeScript 应用程序示例

由于 TypeScript 的诞生晚于 JavaScript，因此 JavaScript 库的数量要远远多于 TypeScript 库，当需要在 TypeScript 程序中引用 JavaScript 库时具体应该怎样实现呢？下面将通过一个案例来讲解在 TypeScript 中引用 jQuery 的方法。

（1）新建一个文件夹并命名为 demo-03，使用 Visual Studio Code 将其打开，如图 6-11 所示。

图 6-11　新建一个文件夹并命名为 demo-03

（2）在终端中输入指令 npm init -y，创建一个新目录并将其转换为 npm 项目，此时会在文件夹下生成一个 package.json 文件，此文件为项目的配置文件，如图 6-12 所示。

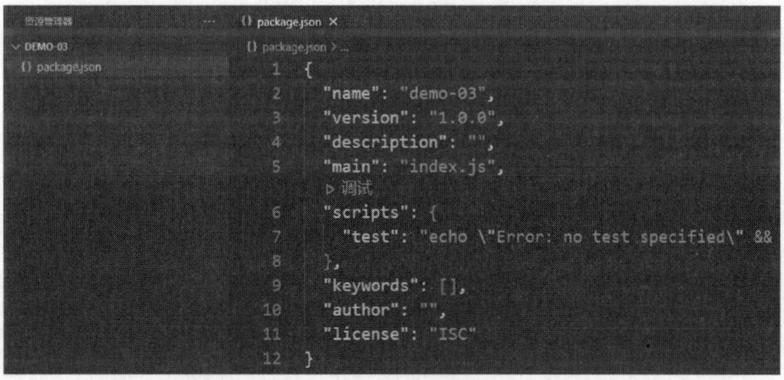

图 6-12　生成的 package.json 文件

（3）将 package.json 文件中的 scripts 参数修改为 "build": "tsc"，此代码用于打包 .ts 文件。

例 6-6　修改后的 package.json 文件中的代码

```
{
  "name": "demo-03",
  "version": "1.0.0",
  "description": "",
  "main": "index.js",
  "scripts": {
    "build": "tsc"
  },
  "keywords": [],
  "author": "",
```

```
        "license": "ISC"
}
```

（4）在终端中输入指令 tsc --init，此时会在文件夹下生成一个 tsconfig.json 文件，如图 6-13 所示。

图 6-13　生成的 tsconfig.json 文件

（5）将 tsconfig.json 文件中 outDir 参数的注释去掉，并修改为 "outDir": "./build"，此配置将会在 .ts 文件打包时生成一个名为 build 的文件夹，用于存放 .ts 文件编译的 .js 文件，如图 6-14 所示。

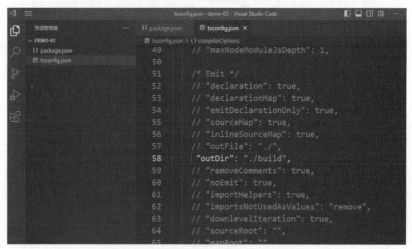

图 6-14　修改后的 tsconfig.json 文件

（6）在 demo-03 文件夹下新建一个 src 文件夹，并在 src 文件夹下新建一个 index.ts 文件和一个 index.html 文件，如图 6-15 所示。

（7）在 index.ts 文件中编写 jQuery 代码，此时 jQuery 代码会报错，如图 6-16 所示。

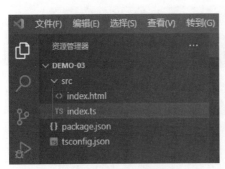

图 6-15　demo-03 新建的文件目录

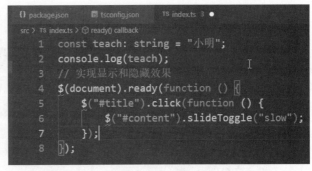

图 6-16　在 index.ts 文件中编写 jQuery 代码

（8）jQuery 代码之所以报错是因为当前项目还没有安装 jQuery 的类型定义文件，解决方法共有 3 种，具体实现如下。

方法一：在 index.ts 文件的顶部添加 declare var $:any; 代码，此代码用于声明 $ 符号。

例 6-7　修改后的 index.ts 文件中的代码

```
declare var $:any;
const teach: string = "小明";
console.log(teach);
// 实现显示和隐藏效果
$(document).ready(function () {
   $("#title").click(function () {
       $("#content").slideToggle("slow");
   });
});
```

方法二：安装 jQuery 的类型定义文件，将鼠标悬浮在 $ 符号上会看到图 6-17 所示的提示，在终端中输入指令 npm i --save-dev @types/jquery，安装 jQuery 的类型定义文件。

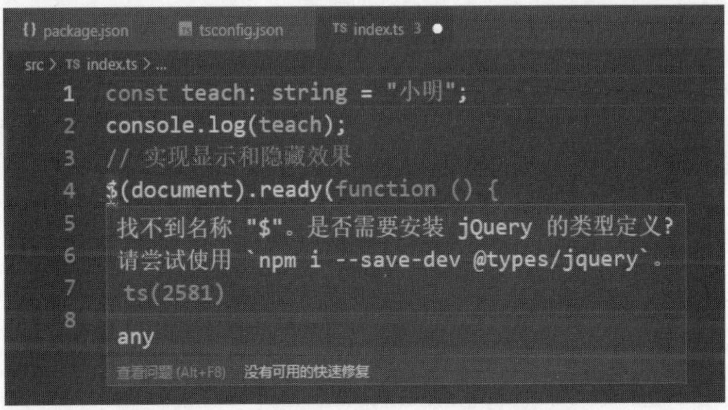

图 6-17　鼠标悬浮在 $ 符号上提示的信息

在终端中运行 npm i --save-dev @types/jquery 指令后，会在 demo-03 文件夹下生成一个

名为 JQuery.d.ts 的文件，如图 6-18 所示。

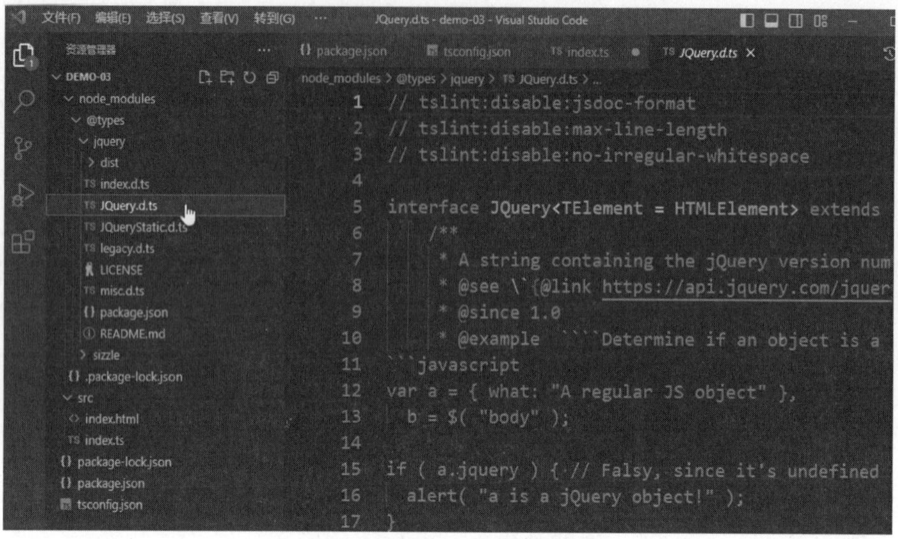

图 6-18　生成的 JQuery.d.ts 文件

方法三：手动创建并编写 JQuery 的类型定义文件 JQuery.d.ts（不建议使用此方式）。

（9）在终端中输入指令 npm run build，打包 index.ts 文件，如图 6-19 所示。

（10）此时会在 demo-03 文件夹下生成一个名为 build 的文件夹，并且在 build 文件夹下生成一个 index.js 文件，如图 6-20 所示。

图 6-19　打包 index.ts 文件

图 6-20　打包生成的文件夹

例 6-8　生成的 index.js 文件

```
"use strict";
const teach = " 小明 ";
console.log(teach);
// 实现显示和隐藏效果
$(document).ready(function () {
    $("#title").click(function () {
        $("#content").slideToggle("slow");
```

```
    });
});
```

（11）在 index.html 文件中引入 jquery 和生成的 index.js 文件。

例 6-9　引入 jquery 和 index.js 文件

```
<!-- 引入 jquery -->
<script src="https://cdn.bootcdn.net/ajax/libs/jquery/3.5.1/jquery.js"></script>
<!-- 引入由 index.ts 编译的 index.js 文件 -->
<script src="../build/index.js"></script>
```

（12）在 index.html 文件编写页面样式。

例 6-10　index.html 文件中的代码

```
<!DOCTYPE html>
<html>
<head>
    <meta charset="UTF-8">
    <!-- 引入 jquery -->
    <script src="https://cdn.bootcdn.net/ajax/libs/jquery/3.5.1/jquery.js"></script>
    <!-- 引入由 index.ts 编译的 index.js 文件 -->
    <script src="../build/index.js"></script>
    <title>Test TypeScript</title>
</head>
<body>
    <h1 style="text-align: center;">Test TypeScript</h1>
    <div id="title1">《成功的花》<button id="title">详情</button></div>
    <div id="content">成功的花，<br>人们只惊羡她现时的明艳！<br>然而当初她的芽儿，<br>浸透了奋斗的泪泉，<br>洒遍了牺牲的血雨。</div>
</body>
</html>
<style type="text/css">
    #title1,
    #content {
        padding: 5px;
        text-align: center;
        background-color: #e5eecc;
        border: solid 1px #c3c3c3;
    }
    #content {
        padding: 50px;
        display: none;
    }
</style>
```

（13）要想在 Visual Studio Code 中运行 index.html 文件，还需要下载并安装一个名为 open in browser 的插件，如图 6-21 所示。

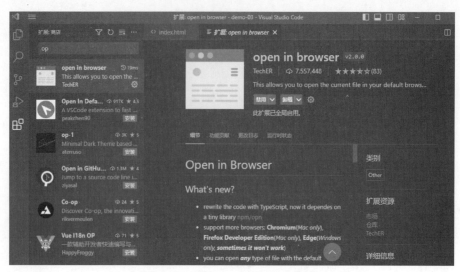

图 6-21　安装 open in browser 插件

（14）安装完成后在 index.html 文件上右击，在弹出的快捷菜单中选择 Open In Default Browser 命令，如图 6-22 所示。

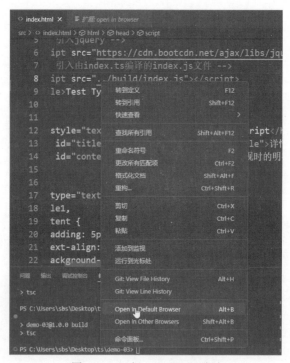

图 6-22　运行 index.html 页面

（15）此时会在浏览器中打开 index.html。单击"详情"按钮，打开详情，再次单击"详情"按钮关闭，如图 6-23 和图 6-24 所示。

第 6 章 使用 TypeScript 和 JavaScript 组合开发项目

图 6-23　index.html 效果图（一）

图 6-24　index.html 效果图（二）

6.3　在 JavaScript 项目中使用 TypeScript

在日常的开发中会有很多 TypeScript 与 JavaScript 混合开发的项目。当一个老旧的 JavaScript 项目需要功能更新升级时，就可以选择使用 TypeScript 来完成对 JavaScript 项目的更新升级。下面将通过一个例子介绍如何在 JavaScript 项目中使用 TypeScript。

（1）新建一个文件夹并命名为 demo-04，使用 Visual Studio Code 将其打开，如图 6-25 所示。

图 6-25　新建一个文件夹并命名为 demo-04

（2）在 demo-04 文件夹中新建一个 index.ts 文件和一个 indexA.js 文件，如图 6-26 所示。

图 6-26　demo-04 文件夹下的文件目录

（3）在 index.ts 文件中编写一个 class 类，并在类中声明两个属性和一个方法。

例 6-11　index.ts 文件中的代码

```
// 声明一个类
export default class Text{
    public static dogName:string = '旺财';
    public static dogAge:number = 3;
    // 声明方法
    public cry(){
        console.log("汪汪汪！");
    }
}
```

（4）在终端中输入指令 tsc index.ts，编译 index.ts 的文件为 js。

例 6-12　index.js 文件中的代码

```
"use strict";
Object.defineProperty(exports, "__esModule", { value: true });
// 声明一个类
var Text = /** @class */ (function () {
    function Text() {
    }
    // 声明方法
    Text.prototype.cry = function () {
        console.log("汪汪汪！");
    };
    Text.dogName = '旺财';
    Text.dogAge = 3;
    return Text;
}());
exports.default = Text;
```

（5）在 indexA.js 文件中调用 index.ts 文件中的属性和方法。

例 6-13　indexA.js 文件中的代码

```
var indexA = require("./index");
console.log(indexA);
console.log(indexA.default.dogName);
console.log(indexA.default.dogAge);
```

（6）在终端中输入指令 node indexA.js，运行 indexA.js 文件，结果如图 6-27 所示。

图 6-27　indexA.js 文件的运行结果

6.4　就业面试技巧与解析

本章主要讲解了 TypeScript 的类型定义文件，以及 JavaScript 库的 TypeScript 应用程序和 JavaScript 项目中 TypeScript 的使用，通过上面的讲解，相信大家都已熟练掌握。这些知识在面试中常以下面的形式体现。

6.4.1　面试技巧与解析（一）

面试官：什么是类型定义文件？它有什么作用？

应聘者：类型定义文件是一个扩展名为 .d.ts 的文件，它用于在 TypeScript 项目调用 JavaScript 库时。它可以让 TypeScript 编译器知道 JavaScript 库和运行时的 API 所期望的类型，且类型定义文件中只包含 JavaScript 库中使用的变量和函数的名称，不包含具体的实现。

6.4.2　面试技巧与解析（二）

面试官：如何在 TypeScript 项目中使用 JavaScript 库？

应聘者：想要在 TypeScript 项目中使用 JavaScript 库，需要在 TypeScript 项目中引入 JavaScript 库。以引入 jQuery 库为例，引入方式有如下 3 种：

（1）在 .ts 文件的顶部添加 declare var $:any，声明 $ 符号。

（2）在终端中运行 npm i --save-dev @types/jquery 指令，引入 jQuery 的类型定义文件。

（3）手动编写类型配置文件。

第 7 章
使用Vue对象、组件与库开发项目

本章概述

Vue是目前前端开发中比较流行的前端框架,并且它与TypeScript进行了全方位的适配。Vue于2022年发布了新的Vue 3.0版本,相比Vue 2.0,Vue 3.0的性能得到了很大的提高,并且Vue 3.0还去除了一些不常用的API,使它自身的体积变得更小了,同时它也更好地支持了TypeScript。本章将通过一些示例来详细介绍TypeScript在Vue中的使用。

知识导读

本章要点(已掌握的在方框中打钩)
- □ 挂载Vue对象。
- □ 操作关联数据。
- □ 处理生命周期。
- □ Vue组件基础。
- □ 设计Vue组件。
- □ 使用现有组件。

7.1 挂载Vue对象

想要在Vue中使用TypeScript,首先需要创建一个Vue项目,并且集成TypeScript。下面将通过使用Vite创建一个集成TypeScript的Vue项目。Vite是一个由原生ESM驱动的Web开发构建工具,并且在项目搭建完成时就已经引入了TypeScript,同时Vite还是一个轻量级的开箱即用的构建工具。使用Vite构建Vue项目的具体流程如下。

(1)新建一个文件夹并命名为chapter-07,使用Visual Studio Code将其打开,如图7-1所示。

图 7-1　创建并打开 chapter-07 文件夹

（2）在 chapter-07 文件夹下新建一个名为 demo-01 的 Vue+TypeScript 的项目。

①在终端中输入指令 npm create vite@latest，输入后按 Enter 键，如图 7-2 所示。

图 7-2　运行指令 npm create vite@latest

②输入项目名称，此处输入的为 demo-01，输入后按 Enter 键，如图 7-3 所示。

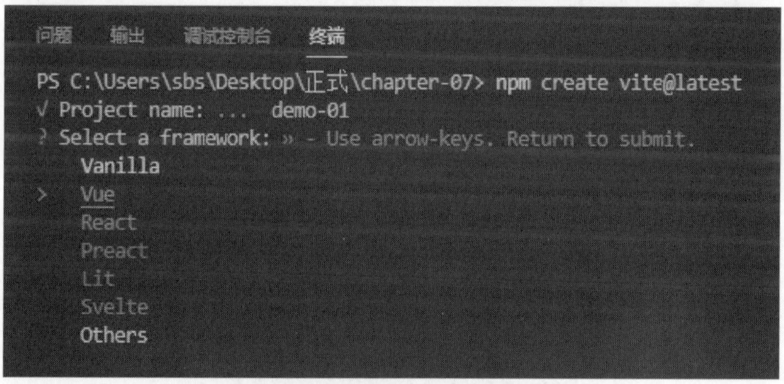

图 7-3　输入项目名称

③通过上下切换选中 Vue，选中后按 Enter 键，如图 7-4 所示。

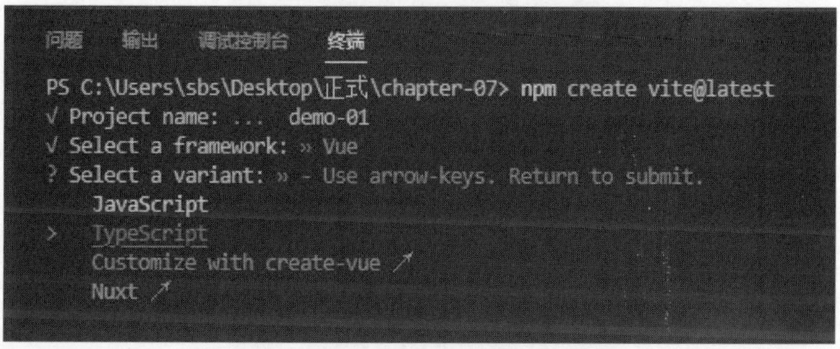

图 7-4　选中 Vue

④通过上下切换选中 TypeScript，选中后按 Enter 键，如图 7-5 所示。

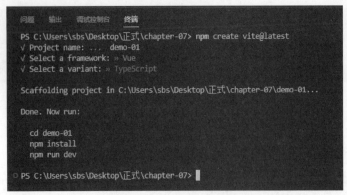

图 7-5　选中 TypeScript

（3）在控制台中输入 cd demo-01 指令和 npm install 指令，如图 7-6 所示。

图 7-6　运行 cd demo-01 指令和 npm install 指令

（4）生成 demo-01 的项目目录，如图 7-7 所示。

图 7-7　生成的 demo-01 项目目录

说明：
- public：public 中的文件打包时会原封不动地打包到文件夹的根目录中。
- src：用于存放项目源码。
- assets：用于存放项目中的静态资源文件。
- components：用于存放项目中的自定义组件。
- App.vue：项目的根组件（项目启动时的默认首页）。
- style.css：项目中的基本样式。
- main.ts：项目的入口。
- vite-env.d.ts：识别文件扩展名为 .vue 的文件。
- .gitignore：用于声明提交代码时忽略的文件。
- index.html：页面的入口文件。
- package-lock.json：用于锁定依赖包的版本。
- package.json：记录了项目的相关信息。
- README.md：使用说明。
- tsconfig.json：编译器的配置文件。
- tsconfig.node.json：Vite 的插件类型配置文件。
- vite.config.ts：Vite 构建的相关配置。

提示：Node 的版本需要在 12.0 以上。

（5）在终端中输入 npm run dev 指令，运行项目结果如图 7-8 所示。

图 7-8　demo-01 项目的运行结果

7.2 操作关联数据

上述已经创建了一个名称为 demo-01 的 Vue+TypeScript 项目，但是目前此项目只是搭建了一个框架，并没有具体的功能。下面将在这个项目的基础上进行 data 成员、compued 成员、mehods 成员和 watch 成员的讲解。

7.2.1 data 成员

data 成员在 Vue 中表示一个函数，在创建新的 Vue 组件实例时调用此函数，且 data 中的数据类型可以是字符串、数值、数组和对象，也可以是一个函数。在 demo-01 项目中使用 data 成员的示例代码如下。

（1）修改 demo-01 项目中 App.vue 文件中的代码。

例 7-1　修改后的 App.vue 文件

```
<script lang="ts">
import { defineComponent } from 'vue'
export default defineComponent({
  // 函数
  data() {
    return {
      countName: "hello TypeScript"
    }
  },
})
</script>
<template>
  <h1>{{ countName }}</h1>
</template>
```

说明：想要使 TypeScript 正确推导出组件选项内的类型，需要通过 defineComponent 来定义组件。

（2）在终端中输入指令 npm run dev，运行结果如图 7-9 所示。

图 7-9　demo-01 项目的运行结果

7.2.2 compued 成员

compued 是 Vue 的计算属性，是根据依赖关系进行缓存的计算。只有在计算属性所依赖的属性发生变化时，计算属性才会重新执行。计算属性从本质上讲也是一种方法，只不过和方法不同的是，计算属性可以直接当作属性来使用，且一般情况下 computed 默认使用的是 getter 属性。在 demo-01 项目中使用 compued 成员的示例代码如下。

（1）修改 demo-01 项目中 App.vue 文件中的代码。

例 7-2　修改后的 App.vue 文件

```ts
<script lang="ts">
import { defineComponent } from 'vue'
export default defineComponent({
  // 函数
  data() {
    return {
      countName: "hello TypeScript"
    }
  },
  // 计算属性
  computed: {
    attribute() {
      if(this.countName.length > 1){
        return "countName 的长度大于 1";
      }else{
        return "countName 的长度小于 1";
      }
    }
  }
})
</script>
<template>
  <h1>{{ countName }}</h1>
  {{ attribute }}
</template>
```

（2）在终端中输入指令 npm run dev，运行结果如图 7-10 所示。

图 7-10　demo-01 项目的运行结果

7.2.3 mehods 成员

methods 成员在 Vue 中表示方法。需要注意的是，methods 中不能使用箭头函数，因为箭头函数中的 this 不是 Vue 的示例。在 demo-01 项目中使用 methods 成员的示例代码如下。

（1）修改 demo-01 项目中 App.vue 文件中的代码。

例 7-3 修改后的 App.vue 文件

```
<script lang="ts">
import { defineComponent } from 'vue'
export default defineComponent({
  // 函数
  data() {
    return {
      count: 0,
      countName: "hello TypeScript"
    }
  },
  // 计算属性
  computed: {
    attribute() {
      if(this.countName.length > 1){
        return "countName 的长度大于 1";
      }else{
        return "countName 的长度小于 1";
      }
    }
  },
  // 方法
  methods: {
    increment() {
      this.count++
    }
  }
})
</script>
<template>
  <h1>{{ countName }}</h1>
  {{ attribute }}
  <br>
  <button @click="increment">点击加一</button>
  {{ count }}
</template>
```

（2）在终端中输入指令 npm run dev，运行结果如图 7-11 所示。

图 7-11 demo-01 项目的运行结果

7.2.4 watch 成员

watch 成员是 Vue 中的监听器，用于监听数据的变化。watch 中的值第一次绑定时是不会执行其中的监听函数的，只有在值发生改变时才会执行。在 demo-01 项目中使用 methods 成员的示例代码如下。

（1）修改 demo-01 项目中 App.vue 文件中的代码。

例 7-4 修改后的 App.vue 文件

```
<script lang="ts">
import { defineComponent } from 'vue'
export default defineComponent({
  // 函数
  data() {
    return {
      count: 0,
      countName: "hello TypeScript"
    }
  },
  // 计算属性
  computed: {
    attribute() {
      if (this.countName.length > 1) {
        return "countName 的长度大于 1";
      } else {
        return "countName 的长度小于 1";
      }
    }
  },
  // 方法
```

```
  methods: {
    increment() {
      this.count++
    }
  },
  watch: {
    "count"(newVal, oldVal) {
      console.log(`修改后的值: ${newVal}`);
      console.log(`修改前的值: ${oldVal}`);
    }
  }
})
</script>
<template>
  <h1>{{ countName }}</h1>
  {{ attribute }}
  <br>
  <button @click="increment">点击加一</button>
  {{ count }}
</template>
```

（2）在终端中输入指令 npm run dev，运行结果如图 7-12 所示。

图 7-12　demo-01 项目的运行结果

7.3　处理生命周期

Vue 中的生命周期又称为生命周期回调函数、生命周期函数。生命周期函数常用于调用一些特殊名称的函数，需要注意的是，声明周期中的函数名称是无法修改的。常见的生命周期函数如表 7-1 所示。

表 7-1 生命周期函数

生命周期函数	说明
beforeCreate	创建前调用
created	创建完成后调用
beforeMount	挂载前调用
mounted	挂载结束后调用
beforeUpdate	更新前调用
updated	更新完成后调用
beforeDestroy	销毁前调用
destroyed	销毁完成后调用
activated	keep-alive 组件激活时调用
deactivated	keep-alive 组件停用时调用

（1）在 demo-01 项目中使用生命周期函数，修改 App.vue 文件中的代码。

例 7-5 修改后的 App.vue 文件

```ts
<script lang="ts">
import { defineComponent } from 'vue'
export default defineComponent({
  // 函数
  data() {
    return {
      countName: "hello TypeScript"
    }
  },
  // 创建前调用
  beforeCreate(){
    console.log("beforeCreate 函数被调用了")
  },
  // 创建完成后调用
  created(){
    console.log("created 函数被调用了")
  },
  // 挂载前调用
  beforeMount(){
    console.log("beforeMount 函数被调用了")
  },
  // 挂载结束后调用
  mounted(){
    console.log("mounted 函数被调用了")
  },
  // 更新前调用
  beforeUpdate(){
    console.log("beforeUpdate 函数被调用了")
```

```
    },
    // 更新完成后调用
    updated(){
      console.log("updated 函数被调用了")
    },
    // keep-alive 组件激活时调用
    activated(){
      console.log("activated 函数被调用了")
    },
    // keep-alive 组件停用时调用
    deactivated(){
      console.log("deactivated 函数被调用了")
    },
    // 销毁前调用
    beforeDestroy(){
      console.log("beforeDestroy 函数被调用了")
    },
    // 销毁完成后调用
    destroyed(){
      console.log("destroyed 函数被调用了")
    },
})
</script>
<template>
  <h1>{{ countName }}</h1>
</template>
```

（2）在终端中输入指令 npm run dev，运行结果如图 7-13 所示。

图 7-13 demo-01 项目的运行结果

7.4　Vue 组件基础

组件化是解决问题的一种思路，当在开发中遇到复杂的功能逻辑时，可以将一个复杂的功能拆分为多个小的功能模块。组件是 Vue 最强大的功能之一，也是最常用的功能之一。组件是独立和可复用的代码组织单元，使用组件，可以大大提高程序的开发效率和代码的复用性。下面将详细讲解 Vue 中组件的声明和使用。

7.4.1 创建 Vue 组件

在 Vue+TypeScript 项目中，创建的组件一般都会放在 components 文件夹下。7.1 节已经创建了一个 Vue+TypeScript 的项目 demo-01，下面将在这个项目的基础上进行 Vue 组件的创建与使用，具体步骤如下。

（1）在 components 文件夹中新建一个 behavior.vue 文件，将此文件作为组件。

例 7-6　behavior.vue 文件中的代码

```
<template>
    我是新创建的组件
</template>
```

（2）在 App.vue 文件中使用新创建的 behavior.vue 文件。

例 7-7　修改后的 App.vue 文件

```
<script lang="ts">
import { defineComponent } from 'vue'
// 引用组件
import behavior from './components/behavior.vue'
export default defineComponent({
// 声明组件
  components:{
    behavior
  },
  // 函数
  data() {
    return {
      countName: "hello TypeScript"
    }
  },
})
</script>
<template>
  <h1>{{ countName }}</h1>
  <behavior></behavior>
</template>
```

（3）在终端中输入指令 npm run dev，运行结果如图 7-14 所示。

图 7-14　demo-01 项目的运行结果

7.4.2　Vue 专用组件

在日常开发 Vue 项目时，除了可以引用自己创建的组件，还可以引用一些 Vue 的专用组件，如 Vue-router 和 Vuex 等。

1. Vue-router 组件的使用

Vue-router 组件又称为路由组件，使用它可以让构建单页面应用变得更加简单。在 Vue+TypeScript 项目中使用路由的步骤如下。

（1）通过在终端中输入指令 npm install vue-router 安装路由，如图 7-15 所示。

图 7-15　安装路由组件

（2）在 components 文件夹下新建 head.vue 文件。

例 7-8　head.vue 文件中的代码

```
<template>
    <h1>我是头部</h1>
</template>
```

（3）在 src 文件夹下新建文件夹 router，并在 router 文件夹中新建一个 index.ts 文件。

例 7-9　index.ts 文件中的代码

```
import { createRouter, createWebHistory, RouteRecordRaw } from "vue-router";
// 配置路由
const routes: Array<RouteRecordRaw> = [
  {
    path: "/", // 默认路由
    component: () => import("../components/head.vue"),
  },
```

```
];
// 配置 history 模式。history 模式是 Vue Router 提供的一种 URL 管理方式，与默认的 hash 模式
相比，history 模式下的 URL 更加简洁，没有哈希符号，更符合用户的直觉和搜索引擎的优化要求。
const router = createRouter({
  history: createWebHistory(),
  routes,
});
// 创建的路由器 (router) 导出为默认模块
export default router
```

（4）在 main.ts 文件中引入路由。

例 7-10　修改后的 main.ts 文件

```
import { createApp } from 'vue'
import './style.css'
import App from './App.vue'
// 引入路由
import router from "./router/index"
const app = createApp(App)
app.config.globalProperties.$ECharts = ECharts
// 使用路由
app.use(router)
app.mount('#app')
```

（5）修改 app.vue 文件。

例 7-11　修改后的 app.vue 文件

```
<template>
  <router-view></router-view>
</template>
```

至此，Vue-router 组件就在 Vue+TypeScript 项目引入完成了。

（6）在终端中输入指令 npm run dev，运行示例，结果如图 7-16 所示。

图 7-16　运行结果

2. Vuex 组件的使用

Vuex 是专门为 Vue 开发的状态管理模式，在开发中它可以帮助开发者管理共享状态。在 Vue+TypeScript 项目中使用 Vuex 组件的步骤如下。

（1）通过在终端中输入指令 npm install vuex@next 安装 Vuex 组件，如图 7-17 所示。

图 7-17　安装 Vuex 组件

（2）修改 components 文件夹下的 head.vue 文件。

例 7-12　修改后的 head.vue 文件中的代码

```
<template>
    <h1> 我是头部 </h1>
    <div>
        {{ count }}
        <button @click="add"> 增加 </button>
    </div>
</template>
<script lang="ts" setup>
import { computed } from "vue";
import { useStore } from "vuex";
const store = useStore();
const count = computed(() => {
    return store.state.count;
});
const add = () => {
    store.commit("add");
};
</script>
```

（3）在 src 文件夹下新建文件夹 store，并在 store 文件夹中新建一个 index.ts 文件。

例 7-13　index.ts 文件中的代码

```
import {createStore} from 'vuex'
interface State{
    count:number
}
export const store=createStore<State>({
    state(){
        return{
            count:1
        }
    },
    mutations:{
        add(state){
            state.count++
        }
    }
})
```

（4）在 main.ts 文件中引入 Vuex 组件。

例 7-14　修改后的 main.ts 文件中的代码

```
import { createApp } from 'vue'
import './style.css'
import App from './App.vue'
// 引入路由
import router from "./router/index"
import {store} from './store/inde'
const app = createApp(App)
app.config.globalProperties.$ECharts = ECharts
// 使用路由
app.use(router)
app.use(store)
app.mount('#app')
```

（5）在终端中输入指令 npm run dev 运行示例，结果如图 7-18 所示，当单击"增加"按钮时，数值"6"会累计加 1。

图 7-18　运行结果

7.5　设计 Vue 组件

组件的设计主要是模块的设计，主要体现在项目的业务需求、基本功能和性能上。经过上一节的讲解，相信大家已经了解了 Vue 组件的创建与使用。下面将在 demo-01 项目的基础上，继续带领大家详细了解组件中的 v-on 指令、v-model 指令，以及预留组件插槽功能。

7.5.1　面向组件的 v-on 指令

在 Vue+TypeScript 的项目中，v-on 指令通过监听 DOM 事件来执行 TypeScript 代码，在日常开发中，v-on 指令通常以 @ 符号来简写，基本语法为 v-on:click=" 方法名称 "。在 demo-01 项目中使用 v-on 指令的示例代码如下。

(1)修改 demo-01 项目中的 behavior.vue 组件中的代码。

例 7-15　修改后的 behavior.vue 文件

```
<script lang="ts">
import { defineComponent } from 'vue'
export default defineComponent({
    // 函数
    data() {
        return {
            num: 0
        }
    },
    methods: {
        // 声明方法
        counter() {
            return this.num++;
        }
    }
})
</script>
<template>
    {{ num }}
    <button @click="counter">增加 1</button>
</template>
```

(2)修改 App.vue 文件中的代码。

例 7-16　修改后的 App.vue 文件

```
<script lang="ts">
import { defineComponent } from 'vue'
// 引用组件
import behavior from './components/behavior.vue'
export default defineComponent({
// 声明组件
  components:{
    behavior
  },
  // 函数
  data() {
    return {
      countName: "hello TypeScript"
    }
  },
})
</script>
<template>
  <h1>{{ countName }}</h1>
  <behavior></behavior>
</template>
```

（3）在终端中输入指令 npm run dev，运行结果如图 7-19 所示。

图 7-19　demo-01 项目的运行结果

7.5.2　面向组件的 v-model 指令

在 Vue+TypeScript 的项目中，v-model 指令用于双向绑定。v-model 指令可以将页面中输入的值同步更新到相关绑定的 data 属性，当 data 属性值发生变化时，页面中的值也会变化。v-model 作为 Vue 的两个核心功能之一，使用起来是非常便捷的，同时也可以大大提高代码的开发效率。在 demo-01 项目中使用 v-model 指令的示例代码如下。

（1）修改 demo-01 项目中 behavior.vue 组件中的代码。

例 7-17　修改后的 behavior.vue 文件

```
<script lang="ts">
import { defineComponent } from 'vue'
export default defineComponent({
    // 函数
    data() {
        return {
            num: 0
        }
    },
    methods: {
        // 声明方法
        counter() {
            return this.num++;
        }
    }
})
</script>
<template>
    增加后的值：<input v-model="num"/>
    <br/>
    <button @click="counter">增加 1</button>
</template>
```

（2）在终端中输入指令 npm run dev，运行结果如图 7-20 所示。

图 7-20　demo-01 项目的运行结果

7.5.3　预留组件插槽

在封装组件时，会将不确定的部分或希望用户指定的部分定义为插槽。组件插槽通过 <slot></slot> 标签来定义，需要注意的是，当一个组件中只定义了一个插槽时，可以直接通过 <slot></slot> 标签来定义，但是当一个组件中定义了多个插槽时，就需要为每个插槽指定具体的名称。在 demo-01 项目中使用预留组件插槽的示例代码如下。

（1）修改 demo-01 项目中 behavior.vue 组件中的代码。

例 7-18　修改后的 behavior.vue 文件

```
<script lang="ts">
import { defineComponent } from 'vue'
export default defineComponent({
    // 函数
    data() {
        return {
            num: 0
        }
    },
    methods: {
        // 声明方法
        counter() {
            return this.num++;
        }
    }
})
</script>
<template>
    增加后的值:<input v-model="num"/>
    <br/>
    <button @click="counter">增加 1</button>
    <!-- 声明插槽 -->
    <slot name="one"></slot>
```

```
    <slot name="two"></slot>
</template>
```

（2）修改 demo-01 项目中 App.vue 文件中的代码。

例 7-19　修改后的 App.vue 文件

```
<script lang="ts">
import { defineComponent } from 'vue'
// 引用组件
import behavior from './components/behavior.vue'
export default defineComponent({
  // 声明组件
  components: {
    behavior
  },
  // 函数
  data() {
    return {
      countName: "hello TypeScript"
    }
  },
})
</script>
<template>
  <h1>{{ countName }}</h1>
  <behavior>
    <!-- 为插槽赋值 -->
    <template #one>
      <h2>我是第一个预留插槽</h2>
    </template>
    <template #two>
      <h2>我是第二个预留插槽</h2>
    </template>
  </behavior>
</template>
```

（3）在终端中输入指令 npm run dev，运行结果如图 7-21 所示。

图 7-21　demo-01 项目的运行结果

7.6 使用现有组件

在日常的开发中，除了使用自己创建的组件，还可以使用 Vue 中现有的组件。其中，现有组件又可以区分为内置组件和外部组件。下面将详细介绍内置组件和外部组件在 Vue+TypeScript 项目中的应用。

7.6.1 使用内置组件

Vue 3 与 Vue 2 都有很多内置组件，如 component 内置组件、transition 内置组件等，但是相比 Vue 2，Vue 3 新引入了 teleport 内置组件、fragment 内置组件和 suspense 内置组件。下面以使用 teleport 内置组件为例来详细介绍内置组件在开发中的应用。teleport 内置组件可以将指定内容渲染到特定容器中，使其不受 DOM 层的限制。在 demo-01 项目中使用 teleport 内置组件的示例代码如下。

（1）修改 demo-01 项目中 App.vue 组件中的代码。

例 7-20　修改后的 App.vue 文件

```
<script lang="ts">
import { defineComponent } from 'vue'
// 引用组件
import behavior from './components/behavior.vue'
export default defineComponent({
  // 声明组件
  components: {
    behavior
  },
  // 函数
  data() {
    return {
      countName: "hello TypeScript"
    }
  },
})
</script>
<template>
  <h1>{{ countName }}</h1>
  <teleport to="body">
    <div>teleport 内置组件</div>
  </teleport>
</template>
```

说明：通过 to 属性指定 teleport 组件中的子节点渲染目标节点。

（2）在终端中输入指令 npm run dev，运行结果如图 7-22 所示。

图 7-22 demo-01 项目的运行结果

7.6.2 引入外部组件

在日常的开发中不仅可以直接使用 Vue 的内置组件，还可以通过引入外部组件来直接使用已经封装好的外部组件。下面将通过引入 echarts 图的示例，来详细讲解 Vue+TypeScript 项目引入外部组件的方式。在 demo-01 项目中引用 echarts 组件的具体流程如下。

（1）在终端中输入指令 npm install echarts –save，运行完成后，会在当前项目中引入 echarts 组件，如图 7-23 所示。

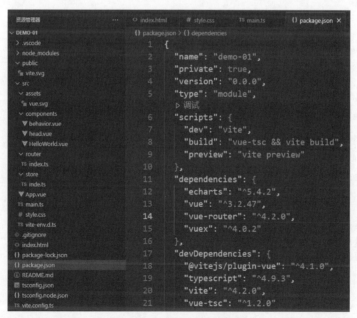

图 7-23 引入 echarts 组件

（2）修改 main.ts 文件，将 echarts 组件引入并挂载在 demo-01 项目中。

例 7-21　修改后的 main.ts 文件

```ts
import { createApp } from 'vue'
import './style.css'
import App from './App.vue'
import * as ECharts from 'echarts'
const app = createApp(App)
app.config.globalProperties.$ECharts = ECharts
app.mount('#app')
```

（3）在 App.vue 文件中使用 echarts 组件。

例 7-22　修改后的 App.vue 文件

```ts
<script lang="ts">
import { defineComponent, onMounted, getCurrentInstance} from 'vue'
// 引用组件
import behavior from './components/behavior.vue'
export default defineComponent({
  // 声明组件
  components: {
    behavior
  },
  // 函数
  data() {
    return {
      countName: "hello TypeScript"
    }
  },
  setup() {
    const { proxy } = getCurrentInstance() as any
    // echarts 图中的内容
    const option = {
      tooltip: {
        trigger: 'item'
      },
      color: ['pink', 'blue'],
      series: [
        {
          name: '男女人数',
          type: 'pie',
          radius: '70%',
          data: [
            { value: 40, name: '女人' },
            { value: 60, name: '男人' },
          ],
          emphasis: {
            itemStyle: {
              shadowBlur: 10,
              shadowOffsetX: 0,
```

```
          shadowColor: 'rgba(0, 0, 0, 0.5)'
        }
      }
    }
   ]
  }
  onMounted(() => {
    // 获取挂载的组件实例
    const echarts = proxy.$ECharts
    // 初始化挂载
    const echarts1 = echarts.init(document.getElementById('chart'))
    // 添加配置
    echarts1.setOption(option)
    // 自适应
    window.onresize = function () {
      echarts1.resize()
    }
  })
 }
})
</script>
<template>
  <h1>{{ countName }}</h1>
  <div id="chart" :style="{ width: '100%', height: '300px' }"></div>
</template>
```

（4）在终端中输入指令 npm run dev，运行结果如图 7-24 所示。

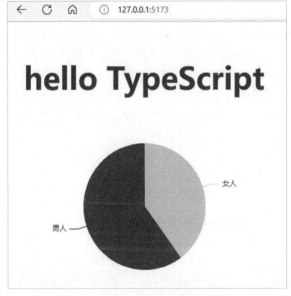

图 7-24 demo-01 项目的运行结果

7.7 就业面试技巧与解析

本章主要讲解了 TypeScript 中 Vue 对象组件与库在项目中的使用，通过上面的讲解相信大家都已熟练掌握。这些知识在面试中常以下面的形式体现。

7.7.1 面试技巧与解析（一）

面试官：什么是 Vue 组件？常用的 Vue 组件有哪些？

应聘者：组件是 Vue 最强大的功能之一，也是最常用的功能之一。组件是独立和可复用的代码组织单元，使用组件开发，可以大大提高程序的开发效率和代码的复用性。在 Vue+TypeScript 的项目中，创建的组件一般都会放在 components 文件夹下，常用的 Vue 组件有以下几种。

（1）component 内置组件：用于实现动态渲染，通过 is 属性来绑定被渲染的组件。

（2）transition 内置组件：用于元素过渡动画的实现。

（3）teleport 内置组件：可以将指定内容渲染到特定容器中，使其不受 DOM 层的限制。

（4）内置 suspense 组件：用于在等待某个异步组件解析时显示后备内容。

7.7.2 面试技巧与解析（二）

面试官：说一说 Vue 中的常用指令。

应聘者：在 Vue 开发中常用的指令有以下两个。

（1）v-on：v-on 指令通过监听 DOM 事件来执行 TypeScript 代码，在日常开发中 v-on 指令通常以 @ 符号来简写，基本语法为 v-on:click=" 方法名称 "。

（2）v-model：v-model 指令用于双向绑定。它可以将页面中输入的值同步更新到相关绑定的 data 属性，当 data 属性值发生变化时，页面中的值也会变化。v-model 作为 Vue 的两个核心功能之一，使用起来是非常便捷的，同时也可以大大提高代码的开发效率。

第 8 章

装饰器与类型的高级应用

本章概述

本章主要讲解 TypeScript 装饰器的创建与使用，装饰器的执行顺序，以及 TypeScript 的各种类型保护器。下面将通过 8.1 和 8.2 两节，为大家详细讲解装饰器和类型保护器在开发中的使用。

知识导读

本章要点（已掌握的在方框中打钩）
- □ 装饰器。
- □ 类型保护。

8.1 装饰器

装饰器是一种特殊类型的声明，它的主要作用是给一个已有的方法、类添加一些新的行为。常见的装饰器有类装饰器、属性装饰器、方法装饰器和参数装饰器。根据装饰器的写法又可以分为普通装饰器和装饰器工厂，两种写法的区别在于普通装饰器无法传参，而装饰器工厂可以传参。

8.1.1 装饰器的使用

装饰器允许在类和方法定义时修改它。在 TypeScript 中要想使用装饰器，首先需要启用它，修改 tsconfig.json 文件中 experimentalDecorators 的属性值为 true，具体流程如下。

新建一个文件夹并命名为 demo-01，在 Visual Studio Code 中将其打开，然后在文件夹下新建一个 index.ts 文件，之后在终端中输入指令 tsc --init，此时会生成一个名为 tsconfig.json 的编译器的配置文件，结果如图 8-1 和图 8-2 所示。

图 8-1　demo-01 的文件目录　　　　图 8-2　修改后的 tsconfig.json 文件

在项目中启用装饰器后，就可以直接使用装饰器的声明语法来声明使用装饰器了。声明装饰器的写法有两种，分别是普通装饰器和装饰器工厂，具体的声明方式如下。

普通装饰器。普通装饰器就是一个函数，只是它和普通的函数不同，装饰器中有 target、name 和 descriptor 3 个参数，且可以选择性地返回被装饰之后的 descriptor 对象。

装饰器工厂。装饰器工厂也是一个函数。与普通装饰器不同之处在于，装饰器工厂的返回值是一个装饰器函数，这个装饰器函数在运行时被装饰器调用，并且装饰器工厂中的方法可以额外传参。

在 demo-01 项目中使用装饰器具体步骤如下。

（1）修改 index.ts 文件中的代码。

例 8-1　使用装饰器的示例代码

```typescript
// 装饰器工厂函数
function decorator(parameter:string){
    // 返回装饰器函数
  return function (target:any, name:string, descriptor:PropertyDescriptor){
    console.log('parameter 属性的值：', parameter)
    console.log('target 属性的值：', target)
    console.log('name 属性的值：', name)
    console.log('descriptor 属性的值：',descriptor)
  }
}
// 类
class Animal{
    // 装饰器工厂函数
  @decorator('旺财')
  cry(){
    console.log('hello TypeScript')
  }
}
// 实例化
const animal = new Animal()
animal.cry()
```

（2）在终端中输入指令 npm init -y，执行完成后会在 demo-01 文件夹中生成一个名为 package.json 的配置文件，修改文件中的 scripts 属性。

例 8-2　修改后的 package.json 文件

```
{
  "name": "demo-01",
  "version": "1.0.0",
  "description": "",
  "main": "index.js",
  "scripts": {
    "dev": "ts-node ./index.ts"
  },
  "keywords": [],
  "author": "",
  "license": "ISC"
}
```

（3）在终端中输入指令 npm run dev，运行项目，运行结果如图 8-3 所示。

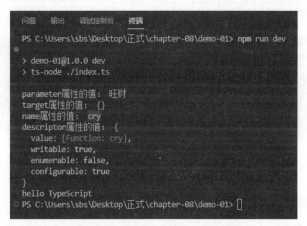

图 8-3　demo-01 项目的运行结果

8.1.2　创建类装饰器

类装饰器应用于类的声明，类装饰器需要在类声明之前声明，并且它可以修改和替换类的定义。类装饰器的表达式在运行时被当作函数调用，当类装饰器返回一个值时，返回的值将会代替原有的类构造器的声明。创建类装饰器的具体流程如下。

（1）在 demo-01 项目中新建一个 indexA.ts 文件，在 indexA.ts 文件中编写类装饰器的示例代码。

例 8-3　indexA.ts 文件中的代码

```
// 装饰器
function addAge(constructor: Function) {
    constructor.prototype.DogAge = 3;
}
```

```
// 装饰类
@addAge
class Animal {
    DogName!: string;
    DogAge!: number;
    constructor(DogName: string) {
        this.DogName = DogName;
    }
}
// 实例化
let animal = new Animal("旺财");
// 打印结果
console.log("年龄: " + animal.DogAge);
console.log("姓名: " + animal.DogName);
```

（2）在终端中输入指令 ts-node ./indexA.ts（使用此方式运行可以省去修改 package.json 文件中的配置），运行 indexA.ts 文件，运行结果如图 8-4 所示。

图 8-4　类装饰器示例代码的运行结果

8.1.3　创建属性装饰器

属性装饰器应用于属性的声明，且属性装饰器需要在属性声明之前声明。属性装饰器的表达式在运行时被当作函数调用。属性装饰器中有 target 和 name 两个参数，其中，target 表示静态成员的类构造函数或者实例成员的类的原型，name 表示成员名称。创建属性装饰器的具体流程如下。

（1）在 demo-01 项目中新建一个 indexB.ts 文件，在 indexB.ts 文件中编写属性装饰器的示例代码。

例 8-4　indexB.ts 文件中的代码

```
// 属性装饰器
function animal(target:any,name:string) {
    console.log('target 的属性值: ',target)
    console.log('name 的属性值: ',name)
}
// 类
class Person {
    // 属性装饰器
    @animal
```

```
    name!: string
}
```

（2）在终端中输入指令 ts-node ./indexB.ts（使用此方式运行可以省去修改 package.json 文件中的配置），运行 indexB.ts 文件，运行结果如图 8-5 所示。

图 8-5　属性装饰器示例代码的运行结果

8.1.4　创建方法装饰器

方法装饰器应用于方法的声明，且方法装饰器需要在方法声明之前声明。方法装饰器的函数表达式在运行时调用。在方法装饰器中有 target、name 和 descriptor 3 个参数，其中 target 表示静态成员的类构造函数或者实例成员的类的原型，name 表示成员名称，descriptor 表示成员的属性描述符。创建方法装饰器的具体流程如下。

（1）在 demo-01 项目中新建一个 indexC.ts 文件，在 indexC.ts 文件中编写方法装饰器的示例代码。

例 8-5　indexC.ts 文件中的代码

```
// 方法装饰器
function decorator(value: boolean) {
    console.log('value 的属性值: ', value)
    return function (target: any, name: string, descriptor: PropertyDescriptor) {
        console.log('target 的属性值: ', target)
        console.log('name 的属性值: ', name)
        console.log('descriptor 的属性值: ', descriptor)
        descriptor.enumerable = value
    }
}
// 类
class Animal {
    greeting: string
    constructor(message: string) {
        this.greeting = message
    }
    // 方法装饰器
    @decorator(false)
    cry() {
        return `Hello, ${this.greeting}`
```

```
        }
    }
    // 实例化
    let animal = new Animal("旺财")
    console.log(animal)
    console.log(animal.cry)
```

（2）在终端中输入指令 ts-node ./indexC.ts（使用此方式运行可以省去修改 package.json 文件中的配置），运行 indexC.ts 文件，运行结果如图 8-6 所示。

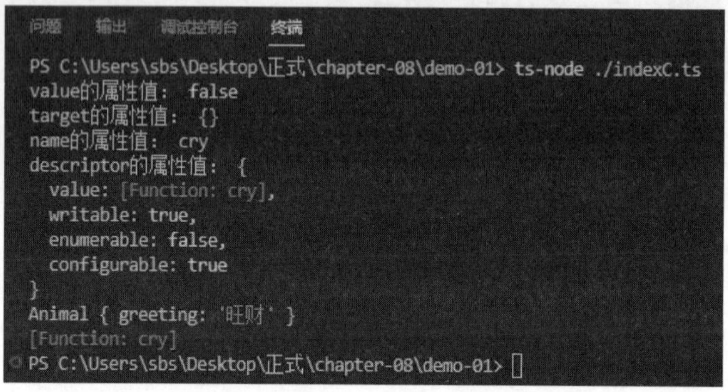

图 8-6　方法装饰器示例代码的运行结果

8.1.5　创建参数装饰器

参数装饰器应用于参数的声明。参数装饰器的表达式在运行时会被当作函数调用。在参数装饰器中有 target、name 和 index 3 个参数，其中 target 表示静态成员的类构造函数或者实例成员的类的原型，name 表示成员名称，index 表示参数在参数列表中的索引。创建参数装饰器的具体流程如下。

（1）在 demo-01 项目中新建一个 indexD.ts 文件，在 indexD.ts 文件中编写参数装饰器的示例代码。

例 8-6　indexD.ts 文件中的代码

```
// 参数装饰器
function decorator(target: any, name: string, index: number) {
    console.log('target 的属性值：', target)
    console.log('name 的属性值：', name)
    console.log('index 的属性值：', index)
}
// 类
class Animal {
    // 参数装饰器
    cry(@decorator name: string) {
        console.log("hello, " + name);
    }
```

```
}
// 实例化
let animal = new Animal()
animal.cry(" 旺财 ")
```

（2）在终端中输入指令 ts-node ./indexD.ts（使用此方式运行可以省去修改 package.json 文件中的配置），运行 indexD.ts 文件，运行结果如图 8-7 所示。

图 8-7　参数装饰器示例代码的运行结果

8.1.6　装饰器的执行顺序

前几节已经详细介绍了类装饰器、属性装饰器、方法装饰器和参数装饰器的创建与使用。当一个类中同时出现了类装饰器、属性装饰器、方法装饰器和参数装饰器时，它们的执行顺序是怎样的？下面将通过一个示例来验证它们的执行顺序。验证装饰器执行顺序的具体流程如下。

（1）在 demo-01 项目中新建一个 indexE.ts 文件，在 indexE.ts 文件中编写测试装饰器执行顺序的示例代码。

例 8-7　indexE.ts 文件中的代码

```
// 类装饰器
function classDecorator(constructor: Function) {
    console.log(' 类装饰器 ')
}
// 属性装饰器
function attributeDecorator(target: any, name: string) {
    console.log(' 属性装饰器 ')
}
// 方法装饰器
function methodDecorator(value: boolean) {
    return function (target: any, name: string, descriptor: PropertyDescriptor){
        console.log(' 方法装饰器 ')
    }
}
// 参数装饰器
function parameterDecorator(target: any, name: string, index: number) {
    console.log(' 参数装饰器 ')
}
```

```
// 类装饰器
@classDecorator
class Animal {
    // 属性装饰器
    @attributeDecorator
    DogName: string;
    constructor(DogName: string) {
        this.DogName = DogName;
        console.log("hello," + this.DogName)
    }
    // 方法装饰器
    @methodDecorator(false)
    cry(@parameterDecorator name: string) {// 参数装饰器
        console.log("cry方法")
    }
}
let animal = new Animal("旺财")
```

（2）在终端中输入指令 ts-node ./indexE.ts（使用此方式运行可以省去修改 package.json 文件中的配置），运行 indexE.ts 文件，运行结果如图 8-8 所示。

图 8-8　测试装饰器执行顺序示例代码的运行结果

8.2　类型保护

在 TypeScript 中，类型保护技术用于获取变量的类型信息，常在条件语块中使用，且类型保护具有唯一的属性，可以确保测试的值是根据返回的布尔值设置的类型。在日常开发中，常使用 TypeScript 的一些内置操作符 typeof、instanceof 和 in 等来确定一个对象是否包含属性。

类型保护常用于缩小类型，其常用的 5 种方式为 instanceof 类型保护、typeof 类型保护、in 类型保护、自定义类型保护和等式收缩类型保护，下面将通过一些实例来讲解这 5 种类型保护方式的实现。

8.2.1 instanceof 类型保护

在日常的 TypeScript 开发中，instanceof 类型保护器可用于检查一个值是否是给定构造函数或类的实例，且 instanceof 类型保护器为内置类型保护器。

例 8-8　instanceof 类型保护器语法

```
object instanceof Class;
```

实例：使用 instanceof 类型保护器测试一个对象或值是否派生自一个类，具体实现如下。

（1）新建一个文件夹并命名为 demo-02，在 Visual Studio Code 中将其打开，然后在文件夹下新建一个 index.ts 文件，如图 8-9 所示。

图 8-9　demo-02 的文件目录

（2）在 index.ts 文件中编写测试代码。

例 8-9　index.ts 文件中的具体代码

```typescript
// instanceof 类型保护器示例
interface Protector {
    brand: string;
}
// 声明类
class ClassA implements Protector {
    kind: string;
    brand: string;
    constructor(brand: string, kind: string) {
        this.brand = brand;
        this.kind = kind;
    }
}
// 声明类
class ClassB implements Protector {
    year: string;
    brand: string;
    constructor(brand: string, year: string) {
        this.brand = brand;
        this.year = year;
    }
}
const getRandomProtector = () => {
    // 根据随机生成的随机数，随机返回结果
```

```
        return Math.random() < 0.5 ?
            new ClassB('ClassB', 'A') :
            new ClassA('ClassA', 'B');
    }
    let Protector = getRandomProtector();
    if (Protector instanceof ClassB) {
        // 打印结果
        console.log(" 随机返回的结果为: " + Protector.year);
    }
    if (Protector instanceof ClassA) {
        // 打印结果
        console.log(" 随机返回的结果为:" + Protector.kind);
    }
```

(3)在终端中输入指令 npm init -y,执行完成后会在 demo-01 文件夹中生成一个名为 package.json 的配置文件,修改文件中的 scripts 属性。

例 8-10　修改后的 package.json 文件

```
{
  "name": "demo-01",
  "version": "1.0.0",
  "description": "",
  "main": "index.js",
  "scripts": {
    "dev": "ts-node ./index.ts"
  },
  "keywords": [],
  "author": "",
  "license": "ISC"
}
```

(4)在终端中输入指令 npm run dev,运行项目,运行结果如图 8-10 所示。

图 8-10　index.ts 文件的运行结果

8.2.2　typeof 类型保护

　　typeof 类型保护器相比其他的类型保护器,会显得非常浅薄,其主要用于确定变量的类型。typeof 类型保护器只能识别 Boolean、String、Bigint、Symbol、Undefined、Function 和 Number 类型,当被识别的类型不是上述类型时,将会返回 object。

例 8-11　typeof 类型保护器语法

```
typeof a !== "变量类型"
typeof a === "变量类型"
```

实例：使用 typeof 类型保护器判断一个变量的类型，具体实现如下。

（1）在 demo-02 项目中新建一个 indexA.ts 文件，并在 indexA.ts 文件中编写 typeof 类型保护器测试的示例代码。

例 8-12　indexA.ts 文件中的具体代码

```
// typeof 类型保护器示例
// a: string | number（a 为联合类型，既可以是 string 类型，也可以是 number 类型）
function Method(a: string | number) {
    // 判断 a 的类型是否为 string
    if (typeof a == 'string') {
        // 打印结果
        console.log('当前变量类型为 Student');
    }
    // 判断 a 的类型是否为 number
    if (typeof a === 'number') {
        // 打印结果
        console.log('当前变量类型为 number');
    }
}
// 调用
Method(`123`);
Method(123);
```

（2）在终端中输入指令 ts-node ./indexA.ts（使用此方式运行可以省去修改 package.json 文件中的配置），运行 indexA.ts 文件，运行结果如图 8-11 所示。

图 8-11　indexA.ts 文件的运行结果

8.2.3　in 类型保护

在日常的 TypeScript 开发中，in 类型保护器常用于检查对象中是否具有特定属性，其通常返回布尔值，当返回结果为 true 时，表示该属性存在于该对象中；当返回结果为 false 时，表示该属性不存在于该对象中，多用于缩小范围和检查浏览器支持。

例 8-13　in 类型保护器语法

```
属性 in 对象
```

实例：使用 in 类型保护器判断一个对象中是否具有某特定属性，具体实现如下。

（1）在 demo-02 项目中新建一个 indexB.ts 文件，并在 indexB.ts 文件中编写 in 类型保护器测试的示例代码。

例 8-14　indexB.ts 文件中的具体代码

```typescript
// in 类型保护器示例
interface ObjectA {
    attributeA: string;
}
interface ObjectB {
    attributeB: number;
}
interface ObjectC {
    name: string;
    age: number;
}
let person: ObjectA | ObjectB | ObjectC = {
    name: '小明',
    age: 12
};
const call = (person: ObjectA | ObjectB | ObjectC) => {
    // 判断对象中是否包含 name 属性
    if ('name' in person) {
        // 打印结果
        console.log("对象中包含 name 属性")
    }
    // 判断对象中是否包含 attributeA 属性
    else if ('attributeA' in person) {
        // 打印结果
        console.log("对象中包含 attributeA 属性")
    }
}
let Print = call({ attributeA: '111' });
```

（2）在终端中输入指令 ts-node ./indexB.ts（使用此方式运行可以省去修改 package.json 文件中的配置），运行 indexB.ts 文件，运行结果如图 8-12 所示。

图 8-12　indexB.ts 文件的运行结果

8.2.4 自定义类型保护

在日常开发中，除了可以使用一些内置操作符来实现类型保护，还可以自定义类型保护。下面将通过一个示例来创建一个自定义类型保护器并使用它，具体实现如下。

（1）在 demo-02 项目中新建一个 indexC.ts 文件，并在 indexC.ts 文件中编写自定义类型保护器测试的示例代码。

例 8-15　indexC.ts 文件中的具体代码

```typescript
// 自定义类型保护器示例
interface ObjectE {
    kind: string;
    brand: string;
}
interface ObjectD {
    brand: string;
    year: number;
}
type Accessory = ObjectE | ObjectD;
// 自定义类型保护器
const isNecklace = (b: Accessory): b is ObjectE => {
    return (b as ObjectE).kind !== undefined
}
// 赋值
const ObjectE: Accessory = { kind: "ObjectE", brand: "E" };
const ObjectD: Accessory = { brand: "ObjectD", year: 2023 };
// 打印结果
console.log(isNecklace(ObjectD))
console.log(isNecklace(ObjectE))
```

（2）在终端中输入指令 ts-node ./indexC.ts（使用此方式运行可以省去修改 package.json 文件中的配置），运行 indexC.ts 文件，运行结果如图 8-13 所示。

图 8-13　indexC.ts 文件的运行结果

8.2.5 等式收缩类型保护

在日常开发中，常使用等式收缩类型保护器检查表达式的值，来实现缩小变量的类型。下面将通过一个实例来实现等式收缩类型保护器，具体实现如下。

（1）在 demo-02 项目中新建一个 indexD.ts 文件，并在 indexD.ts 文件中编写自定义类型保护器测试的示例代码。

例 8-16　indexD.ts 文件中的具体代码

```
function protection(a: number | string, b: string) {
    // 判断 a 和 b 的值
    if(a === b) {
        // 打印结果
        console.log("a 和 b 的值相等 ")
    } else {
        // 打印结果
        console.log("a 和 b 的值不相等 ")
    }
}
// 调用
protection('1','1')
```

（2）在终端中输入指令 ts-node ./indexD.ts（使用此方式运行可以省去修改 package.json 文件中的配置），运行 indexD.ts 文件，运行结果如图 8-14 所示。

图 8-14　indexD.ts 文件的运行结果

8.3　就业面试技巧与解析

本章主要讲解了 TypeScript 装饰器与 TypeScript 类型保护的使用，通过上面的讲解，相信大家都已熟练掌握。这些知识在面试中常以下面的形式体现。

8.3.1　面试技巧与解析（一）

面试官：什么是装饰器？常用的装饰器写法有几种？

应聘者：装饰器是一种特殊类型的声明，它的主要作用是给一个已有的方法、类添加一些新的行为。常见的装饰器有类装饰器、属性装饰器、方法装饰器和参数装饰器。装饰器的写法有两种，分别是普通装饰器和装饰器工厂，具体的声明方式如下。

（1）普通装饰器：普通装饰器就是一个函数，只是它和普通的函数不同，装饰器中有 target、name 和 descriptor 3 个参数，且可以选择性地返回被装饰之后的 descriptor 对象。

（2）装饰器工厂：装饰器工厂也是一个函数，与普通装饰器不同之处在于，装饰器工厂的返回值是一个装饰器函数，这个装饰器函数在运行时被装饰器调用，并且装饰器工厂中的方法可以额外传参。

8.3.2 面试技巧与解析（二）

面试官：什么是类型保护？常用的类型保护方式有哪些？

应聘者：类型保护是一种 TypeScript 技术，用于获取变量类型信息。常用的类型保护方式有 5 种，分别为 instanceof 类型保护、typeof 类型保护、in 类型保护、自定义类型保护和等式收缩类型保护。

（1）instanceof 类型保护：常用于检查一个值是否是给定构造函数或类的示例。

（2）typeof 类型保护：常用于确定变量的类型。typeof 类型保护器只能识别 Boolean、String、Bigint、Symbol、Undefined、Function 和 Number 类型，当被识别的类型不是上述类型时，将会返回 object。

（3）in 类型保护：常用于检查对象中是否具有特定属性，其通常返回布尔值，当返回结果为 true 时，表示该属性存在于该对象中，返回结果为 false 时，表示该属性不存在于该对象中，多用于缩小范围和检查浏览器支持。

（4）自定义类型保护：通过自定义创建的类型保护器实现类型保护。

（5）等式收缩类型保护：常用于检查表达式的值。

第9章 开发工具集

本章概述

目前，TypeScript 是较为流行的编程语言。TypeScript 之所以流行，是因为它有很多配套的工具。TypeScript 的开发工具，如 TypeScript Playground、Visual Studio Code 和 WebStorm 等。但是对于日常开发来说，只有优秀的开发工具是不够的。下面将详细介绍 Web 开发常用的基本工具，如 Webpack、Babel、ncc 和 Deno。

知识导读

本章要点（已掌握的在方框中打钩）
- □ 源映射。
- □ TSLint linter。
- □ 使用 Webpack 绑定代码。
- □ 使用 Babel 编译器。
- □ 工具介绍。

9.1 源映射

在日常开发中，想要调试一个程序，需要向调试器提供源代码。当需要调试 TypeScript 程序时，可以通过 TypeScript 的源映射文件来实现程序的调试。其中，TypeScript 的源映射文件的扩展名为 .map，且它包含 json 格式的数据。下面将通过一个简单的 TypeScript 示例来实现源映射文件的创建和代码的调试功能测试。具体实现流程如下。

（1）新建一个文件夹并命名为 demo-01，在 Visual Studio Code 中将其打开，然后在文件夹下新建一个 index.ts 文件，并在文件中编写一个简单的 TypeScript 程序。

例 9-1 index.ts 文件中的代码

```
// 类
class Animal {
```

```
    // 静态方法
    static cry(dogName: string) {
        console.log(`Hello ${dogName}`);
    }
}
Animal.cry('旺财');
```

（2）在终端中输入指令 tsc index.ts --sourceMap true，运行完成后会生成一个 index.js 文件和一个 index.js.map 文件，结果如图 9-1 所示。

图 9-1　运行指令后生成的文件目录

例 9-2　生成的 index.js 文件中的代码

```
// 类
var Animal = /** @class */ (function () {
    function Animal() {
    }
    // 静态方法
    Animal.cry = function (dogName) {
        console.log("Hello ".concat(dogName));
    };
    return Animal;
}());
Animal.cry('旺财');
//# sourceMappingURL=index.js.map
```

例 9-3　生成的 index.js.map 文件中的代码

```
{
    "version": 3,
    "file": "index.js",
    "sourceRoot": "",
    "sources": [
        "index.ts"
    ],
    "names": [],
    "mappings": "AAAA,IAAI;AACJ;IAAA;IAKA,CAAC;IAJG,OAAO;IACA,UAAG,GAAV,UAAW,OAAe;QACtB,OAAO,CAAC,GAAG,CAAC,gBAAS,OAAO,CAAE,CAAC,CAAC;IACpC,CAAC,CAAC;IACL,aAAC;AAAD,CAAC,AALD,IAKC;AACD,MAAM,CAAC,GAAG,CAAC,IAAI,CAAC,CAAC"
}
```

（3）在 demo-01 文件夹下新建一个 index.html 文件，用于加载 index.js 文件。

例 9-4　index.html 文件中的代码

```html
<!DOCTYPE html>
<html>
<body>
    <!-- 引入 index.js 文件 -->
    <script src="index.js" />
</body>
</html>
```

（4）通过在终端中输入指令 npm install -g live-server，安装一个动态服务器 npm 包，如图 9-2 所示。

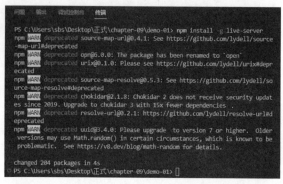

图 9-2　运行指令 npm install -g live-server 的结果

（5）通过在终端中输入指令 live-server，启动服务器，如图 9-3 所示。

图 9-3　运行指令 live-server 的结果

（6）启动完成后会在浏览器中打开一个空白页面，在空白页面中右击，在弹出的快捷菜单中选择"检查"命令，此时会打开浏览器的控制台，如图 9-4 所示。

图 9-4　打开浏览器的控制台

（7）选择 Sources 选项卡，然后选择中一行代码，双击添加断点，之后刷新页面，此时代码运行到断点处会停止，可以通过单击箭头来实现跳过断点或进入下一步，如图 9-5 所示。

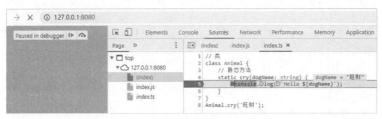

图 9-5　刷新页面进入断点的效果图

9.2　TSLint

TSLint 是一个检查和执行编码风格的工具。它可以通过配置来规定编码的风格，例如声明变量时只能使用 const 和 let。在 TypeScript 的开发中常使用 TSLint 检测器，由于 TSLint 检测器是一个外部工具，所以在使用之前需要先进行安装，安装流程如下。

（1）新建一个文件夹并命名为 demo-02，在 Visual Studio Code 中将其打开，然后在终端中输入指令 npm init -y，运行成功后会在文件夹下生成一个名为 package.json 的配置文件，如图 9-6 所示。

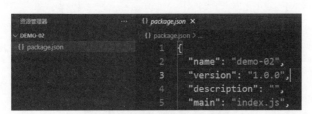

图 9-6　生成的 package.json 配置文件

（2）在终端中输入指令 npm install typescript tslint，安装 TypeScript 和 TSLint，运行成功会生成一个 node_modules 目录和一个 package-look.json 文件，如图 9-7 所示。

图 9-7　demo-02 生成的项目目录

说明：TSLint 可执行文件位于 node_modules/.bin 目录中。

（3）在终端中输入指令 ./node_modules/.bin/tslint --init，创建 tslint.json 的配置文件，如

图 9-8 所示。

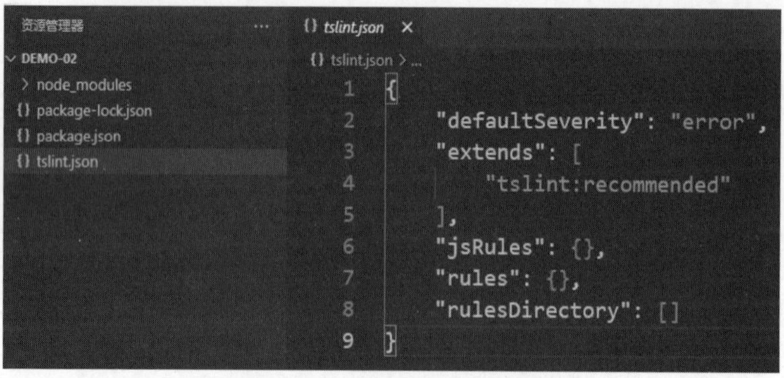

图 9-8　生成的 tslint.json 文件

（4）修改 tslint.json 的配置文件，限制声明变量时不能使用 var 来声明。

例 9-5　修改后的 tslint.json 文件

```
{
    "defaultSeverity": "error",
    "extends": [
        "tslint:recommended"
    ],
    "jsRules": {},
    "rules": {
        "on-var-keyword": true
    },
    "rulesDirectory": []
}
```

（5）下载并安装 TSLint 的插件，如图 9-9 所示。

图 9-9　安装 TSLint 的插件

说明：由于 TSLint 的插件目前已经停止维护，所以，这里下载的是 TSLint-Vue 的插件。

（6）在 domo-02 文件夹下新建一个名为 index.ts 的文件，并在 index.ts 文件中使用 var 声明一个变量，如图 9-10 所示。

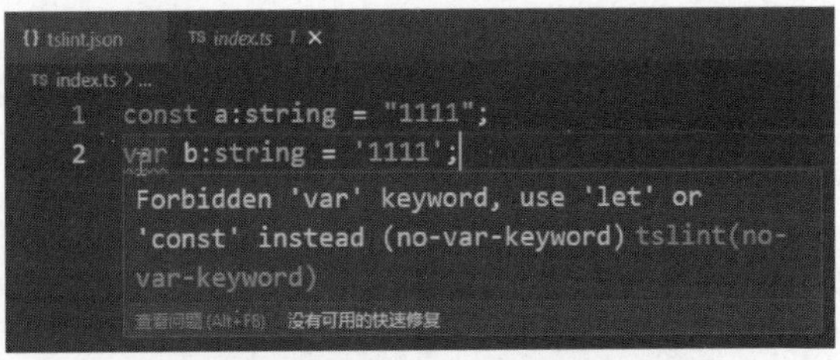

图 9-10　使用 var 声明变量的结果

说明：此时使用 var 声明变量会报错，但是使用 const 和 let 生命变量是正常的。

9.3　使用 Webpack 绑定代码

Webpack 是为了在浏览器中运行的 Web 应用程序而创建的。在日常的开发中，一个应用程序可能会由成百上千个文件组成，在部署时希望将这些最小化并将它们绑定在一起，此时就可以使用 Webpack 来绑定生成部署文件。将多个文件捆绑成一个文件可以提供更好的性能和更快的下载速度，下面将通过一些案例来详细讲解 Webpack 绑定 JavaScript 和使用 Webpack 绑定 TypeScript。

9.3.1　使用 Webpack 绑定 JavaScript

想要使用 Webpack 绑定 JavaScript 项目，首先需要创建一个 JavaScript 项目。在项目创建完成后通过指令 ./node_modules/webpack-cli/bin/webpack.js 来安装 Webpack，安装完成后通过 webpack.config.js 配置文件来实现 Webpack 和 JavaScript 的绑定，具体实现流程如下。

（1）新建一个文件夹并命名为 demo-03，并在 Visual Studio Code 中将其打开，然后在终端中输入指令 npm init -y，初始化项目，运行成功后会在文件夹下生成一个名为 package.json 的配置文件，如图 9-11 所示。

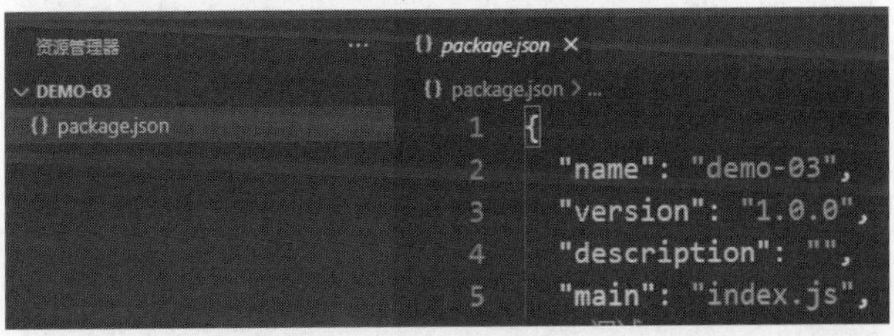

图 9-11　生成的 package.json 配置文件

（2）在终端中输入指令 npm install --save-dev webpack webpack-cli，安装 Webpack，运行成功后会生成一个 node_modules 目录和一个 package.json 文件，并且 package-look.json 文件中会添加 webpack 和 webpack-cli 的版本信息，如图 9-12 所示。

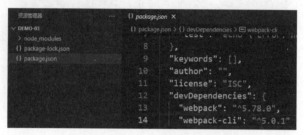

图 9-12　demo-03 生成的项目目录

（3）在 demo-03 文件夹中新建一个 src 文件夹，并在 src 文件中新建一个 index.js 文件和一个 webpack.config.js 文件。

例 9-6　index.js 文件的代码

```
function add(a,b){
    document.write(a+b)
}
add(1,4);
```

例 9-7　webpack.config.js 文件的代码

```
const { resolve } = require('path');
module.exports = {
    entry: './src/index.js',
    output: {
        path: resolve(__dirname, 'dist'),
        filename: 'index.js'
    }
}
```

（4）在终端中输入指令 npx webpack，运行结束后会在 demo-03 文件夹下生成一个 dist 文件夹，并且会在 dist 文件夹下生成一个 main.js 文件，如图 9-13 和图 9-14 所示。

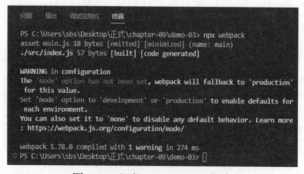

图 9-13　运行 npx webpack 指令

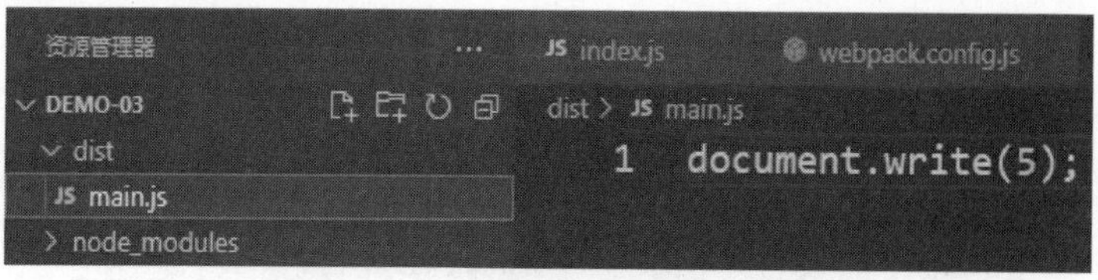

图 9-14　打包生成的 main.js 文件

（5）在 demo-03 文件夹下新建一个 index.html 文件，用于引用打包生成的 main.js 文件。

例 9-8　index.html 文件中的代码

```
<!DOCTYPE html>
<html>
<body>
    <!-- 引入 main.js 文件 -->
    <script src="../dist/main.js">
    </script>
</body>
</html>
```

9.3.2　使用 Webpack 绑定 TypeScript

要想使用 Webpack 绑定 TypeScript 项目，首先需要创建一个 webpack 项目。通过在终端中输入指令 ./node_modules/webpack-cli/bin/webpack.js 来安装 Webpack，安装完成后通过 webpack.config.js 配置文件来实现 Webpack 和 TypeScript 的绑定，具体实现流程如下。

（1）新建一个文件夹并命名为 demo-04，在 Visual Studio Code 中将其打开，然后在终端中输入指令 npm init -y，初始化项目，运行成功后会在文件夹下生成一个名称为 package.json 的配置文件，如图 9-15 所示。

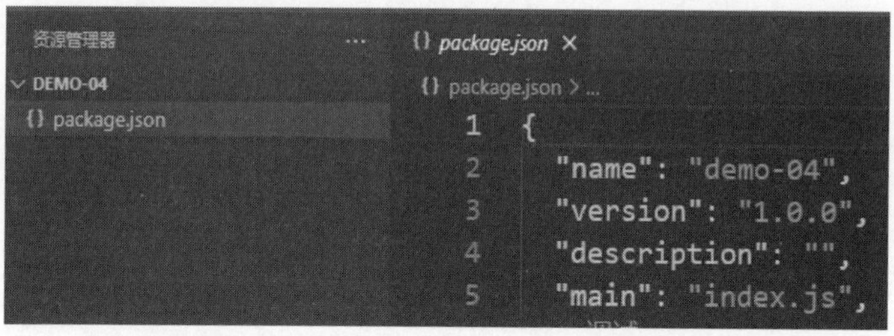

图 9-15　生成的 package.json 配置文件

（2）在终端中输入指令 npm install --save-dev webpack webpack-cli，安装 Webpack，运行成功后会生成一个 node_modules 目录和一个 package.json 文件，并且 package-look.json 文件中会添加 webpack 和 webpack-cli 的版本信息，如图 9-16 所示。

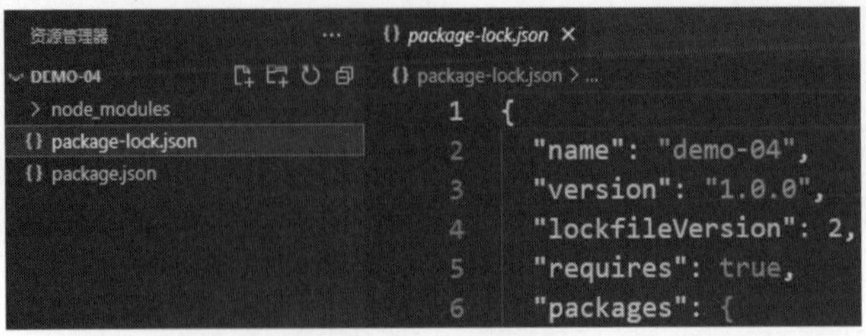

图 9-16　demo-04 生成的项目目录

（3）在终端中输入指令 npm i -D typescript ts-loader，安装 typescript 和 ts-loader，其中 typescript 为语言编译器，ts-loader 是用于解析 webpack 打包的 typescript 文件。运行成功后会在 package-look.json 文件中添加 typescript 和 ts-loader 的版本信息，如图 9-17 所示。

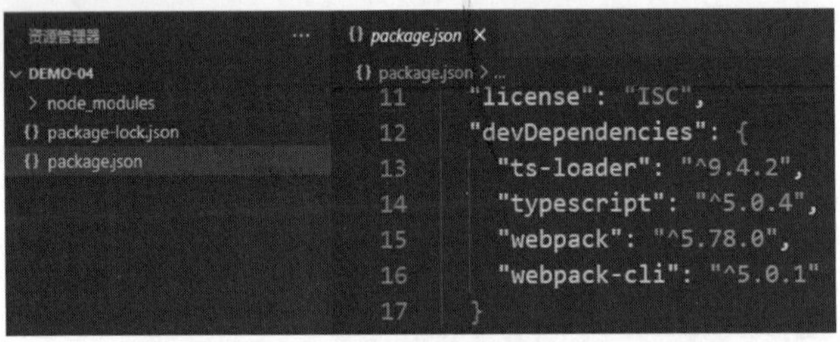

图 9-17　安装 typescript 和 ts-loader

（4）在 demo-04 文件夹中新建一个 src 文件夹，并在 src 文件中新建一个 index.js 文件和一个 webpack.config.js 文件。

例 9-9　index.js 文件的代码

```
function add(a: number, b: number) {
    return console.log("运行结果为：" + (a+b));
}
add(1, 4);
```

例 9-10　webpack.config.js 文件的代码

```
// 引入路径模块
const path = require("path");
module.exports = {
    // 编译文件
    entry: "./src/index.ts",
    // 编译生成的文件地址
    output: {
        path: path.resolve(__dirname, 'dist'),
        filename: "index.js"
    },
    module: {
        rules: [
            {
                test: /\.tsx?$/,    // 以 .ts 或者 tsx 扩展名的文件，就是 typescript 文件
```

```
                use: "ts-loader",     // 就是上面安装的ts-loader
                exclude: "/node-modules/" // 排除node-modules目录
            }
        ]
    },
    // 模式
    mode: "development",
}
```

（5）在终端中输入指令npx webpack，运行结束后会在demo-04文件夹下生成一个dist文件夹，并且会在dist文件夹下生成一个index.js文件，运行结果如图9-18所示。

图9-18　打包生成的index.js文件

（6）在src文件夹下新建一个index.html文件，用于引用打包生成的index.js文件。

例9-11　index.html文件中的代码

```
<!DOCTYPE html>
<html>
<body>
    <!-- 引入main.js文件 -->
    <script src="../dist/index.js">
    </script>
</body>
</html>
```

index.html文件中的运行结果如图9-19所示。

图9-19　index.html文件中的运行结果

9.4 使用 Babel 编译器

Babel 是目前较为流行的 JavaScript 编译器，它可以将最新的 JavaScript 代码转换为老式的 JavaScript 代码，例如，将 ES2015/2016/2017/2046 的语法转换为 ES5 语法。下面将通过几个案例来详细讲解在 JavaScript 中使用 Babel 的方式、在 TypeScript 中使用 Babel 的方式和在 TypeScript 与 Webpack 中使用 Babel 的方式。

9.4.1 在 JavaScript 中使用 Babel

在日常开发中常会遇到浏览器甚至是 Node.js 无法识别 ES6 中语法的问题，此时就需要使用 Babel 转换器将 ES6 的语法转换为 ES5 的语法。下面将通过一个示例来详细讲解 ES6 语法转换 ES5 语法的实现，具体流程如下。

（1）新建一个文件夹并命名为 demo-05，在 Visual Studio Code 中将其打开，然后在终端中输入指令 npm init -y，初始化项目，运行成功后会在文件夹下生成一个名称为 package.json 的配置文件，如图 9-20 所示。

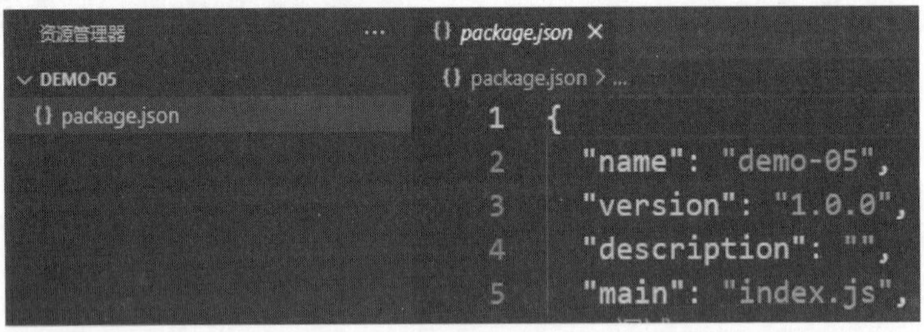

图 9-20　生成的 package.json 配置文件

（2）在终端中分别输入指令 npm install babel-cli -D 和 npm install babel-preset-es2015 -D，安装 Babel 的依赖，运行成功会生成一个 node_modules 目录和一个 package-look.json 文件，并且 package.json 文件中会添加 babel-cli 和 babel-preset-es2015 的版本信息，如图 9-21 所示。

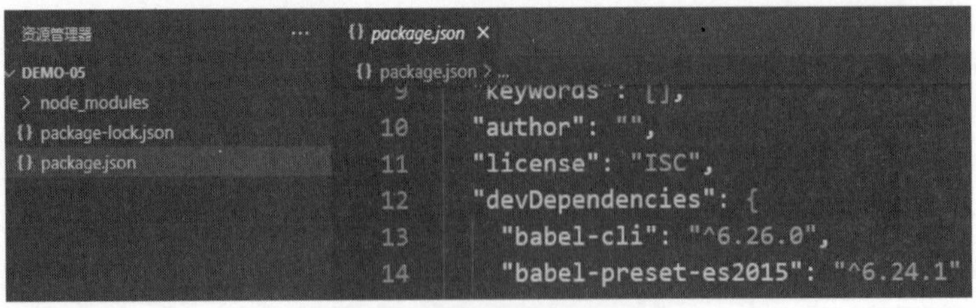

图 9-21　安装 Babel 的依赖

（3）在 demo-05 文件夹下新建一个 src 文件夹，并在 src 文件夹中新建 index.js 文件，在 index.js 文件中用 ES6 语法编写一段代码，如图 9-22 所示。

图 9-22 新建 index.js 文件

（4）在 demo-05 文件夹的根目录下新建一个 .babelrc 文件，此文件为 Babel 的配置文件。在 .babelrc 文件中添加 Babel 的配置。

例 9-12　.babelrc 文件中的代码

```
{
    "presets": ["es2015"],
    "plugins": []
}
```

说明：presets 中的属性为源码使用的新的语法特性。plugins 属性用于配置 babel 使用的插件。

（5）在 demo-05 文件夹的根目录下新建一个 dist 文件夹，用于存放 babel 编译生成的文件，并修改 package.json 中 scripts 属性的配置。

例 9-13　修改后的 package.json 中的 scripts 属性

```
"scripts": {
    "build":"babel src/index.js -o dist/index.js"
 },
```

说明：此配置是将一个文件夹内的指定文件编译到另外的文件夹中。

（6）在终端中输入指令 npm run build，编译 src/index.js 文件，编译成功后会在 babel 文件夹中生成一个名称为 index.js 的文件。

例 9-14　编译生成的 index.js 文件

```
"use strict";
var sum = 10;
var fun = function fun() {
    console.log(sum);
};
```

9.4.2　在 TypeScript 中使用 Babel

Babel 编译器不仅可以将 JavaScript 中新的语法转换为旧的语法，还可以将 TypeScript 开发中的 .ts 文件编译为 .js 文件。下面将通过一个示例来详细讲解在 TypeScript 中 Babel 编译器的使用，具体流程如下。

（1）新建一个文件夹并命名为 demo-06，在 Visual Studio Code 中将其打开，然后在终端中输入指令 npm init -y，初始化项目，运行成功后会在文件夹下生成一个名称为 package.json 的配置文件，如图 9-23 所示。

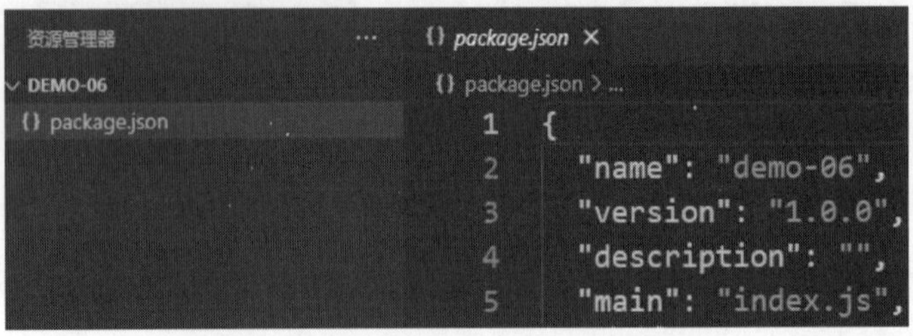

图 9-23　生成的 package.json 配置文件

（2）在终端中分别输入指令。

例 9-15　在终端中运行的指令

```
yarn add -D @babel/core @babel/cli
yarn add -D @babel/preset-env @babel/preset-typescript
yarn add -D @babel/plugin-proposal-class-properties @babel/plugin-proposal-object-rest-spread
```

运行成功会生成一个 node_modules 目录和一个 yam.lock 文件，并且 package.json 文件中会添加 babel 的版本信息，如图 9-24 所示。

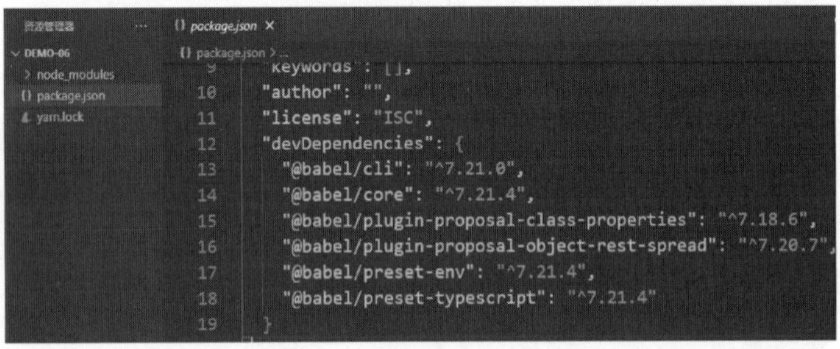

图 9-24　安装 babel 的依赖

（3）在 demo-06 文件夹下新建一个 src 文件夹，并在 src 文件夹中新建 index.ts 文件，在 index.ts 文件中编写一段代码，如图 9-25 所示。

图 9-25　新建 index.ts 文件

（4）在 demo-06 文件夹的根目录下新建一个 .babelrc 文件，此文件为 Babel 的配置文件。在 .babelrc 文件中添加 Babel 的配置。

例 9-16　.babelrc 文件中的代码

```
{
  "presets": [
    "@babel/preset-env",
    "@babel/preset-typescript"
  ],
  "plugins": [
    "@babel/plugin-proposal-object-rest-spread",
    "@babel/plugin-proposal-class-properties"
  ]
}
```

（5）在 demo-06 文件夹的根目录下新建一个 dist 文件夹，用于存放 Babel 编译生成的文件，并修改 package.json 中 scripts 属性的配置。

例 9-17　修改后的 package.json 中的 scripts 属性

```
"scripts": {
   "build":"babel src/index.ts -o dist/index.js"
 },
```

（6）在终端中输入指令 npm run build，编译 src/index.ts 文件，编译成功后会在 babel 文件夹中生成一个名称为 index.js 的文件。

例 9-18　编译生成的 index.js 文件

```
"use strict";
var sum = 10;
var fun = function fun() {
  console.log(sum);
};
fun();
```

9.4.3　在 TypeScript 与 Webpack 中使用 Babel

前几节详细讲解了 Webpack 绑定 TypeScript 和在 TypeScript 中使用 Babel。如何在使用 Webpack 打包 TypeScript 时调用 Babel 呢？下面将通过一个示例来详细介绍在 TypeScript 与 Webpack 中 Babel 的使用，具体实现流程如下。

（1）新建一个文件夹并命名为 demo-07，在 Visual Studio Code 中将其打开，然后按照 9.3.2 节中 Webpack 绑定 TypeScript 的流程执行。执行完成后会得到一个被 Webpack 绑定的 TypeScript 程序，如图 9-26 所示。

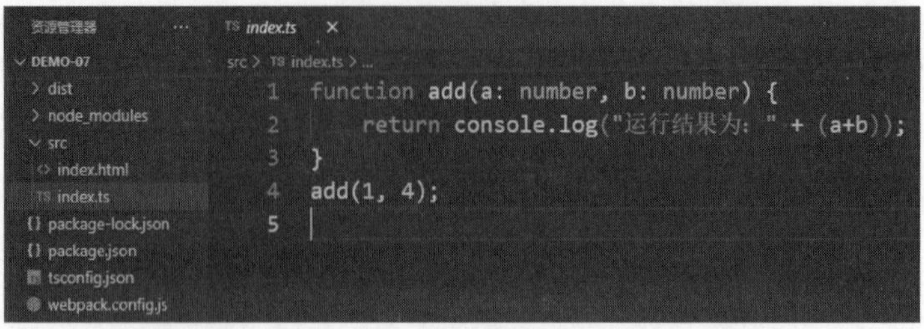

图 9-26 执行 9.3.2 节中的流程得到的项目文件

（2）在终端中输入指令 npm i -D @babel/core @babel/preset-env babel-loader core-js，安装 babel。运行完成后会在 package.json 文件中添加 babel 的版本信息，如图 9-27 所示。

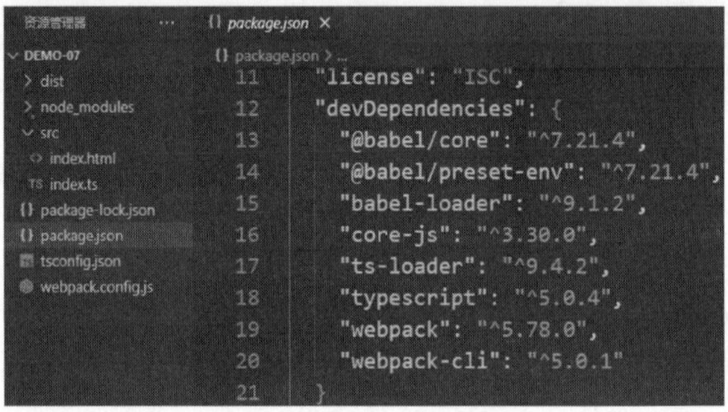

图 9-27 安装 babel

说明：@babel/core 是核心工具，@babel/preset-env 为预定义环境，@babel-loader 是 webpack 中的加载器，而 core-js 的作用是使老版本的浏览器支持新版 ES 语法。

（3）修改 webpack.config.js 文件中的配置信息。

例 9-19 修改后的 webpack.config.js 文件

```javascript
// 引入路径模块
const path = require("path");
module.exports = {
    // 编译文件
    entry: './src/index.ts',
    // 编译生成的文件地址
    output: {
        path: path.resolve(__dirname, 'dist'),
        filename: "index.js"
    },
    module: {
        rules: [
            {
                test: /\.tsx?$/,    // 以 .ts 或者 tsx 为扩展名的文件
                use: [
                    // 配置 babel
                    {
```

```
                    // 指定加载器
                    loader: "babel-loader",
                    options: {
                        presets: [
                            [
                                // 设置指定环境的插件
                                "@babel/preset-env",
                                {
                                    // 兼容的目标浏览器
                                    "targets": {
                                        "chrome": "58",
                                        "ie": "11"
                                    },
                                    // 指定 corejs 版本
                                    "corejs": "3",
                                    "useBuiltIns": "usage"
                                }
                            ]
                        ]
                    }
                },
                {
                    loader: "ts-loader",
                }
            ],
            exclude: "/node-modules/" // 排除 node-modules 目录
        }
    ]
},
// 模式
mode: "development",
}
```

（4）删除 dist 文件夹下的 index.js 文件，在终端中输入指令 npx webpack，重新打包生成 index.js 文件，运行结果如图 9-28 所示。

图 9-28　重新生成的 index.js 文件

9.5 工具介绍

在 TypeScript 的开发中常常会使用一些工具，如 Deno 和 ncc，本节将详细介绍 Deno 和 ncc 的特性及使用。

9.5.1 Deno 介绍

Deno 是一个开箱即用的 TypeScript 环境。Deno 是基于 V8、Rust 和 Tokio 开发的。Deno 可以理解为 Node.js 的替代品。相比 Node.js，Deno 在引入模块时不需要使用 npm，可以直接通过 URL 或者文件路径引入。Deno 在 TypeScript 文件中的使用流程如下。

（1）要想在 TypeScript 文件中使用 Deno，首先需要在本地安装 Deno，安装方式有以下两种。

①在控制台中通过输入指令安装 Deno。

例 9-20　安装 Deno 的指令

```
//Mac、Linux 系统的安装指令
curl -fsSL https://deno.land/x/install/install.sh | sh
//Windows 系统的安装指令
iwr https://deno.land/x/install/install.ps1 -useb | iex
```

②在官网下载 zip 文件安装。

例 9-21　Deno 的下载地址

```
github.com/denoland/deno/releases
```

（2）安装成功后在控制台中输入指令 deno --version，验证是否安装成功，安装成功后会返回 Deno 的版本号，如图 9-29 所示。

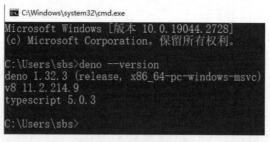

图 9-29　Deno 的安装

（3）在 Visual Studio Code 中安装 Deno 插件，新建一个文件夹并命名为 demo-08，如图 9-30 所示。

图 9-30　安装 Deno 插件

（4）在 demo-08 文件夹下新建 index.ts 文件，并在 index.ts 文件中引入 Deno。

例 9-22　index.ts 文件中的代码

```
// 引入 Deno 库
import { serve } from "https://deno.land/std@0.57.0/http/server.ts";
const s = serve({ port: 8000 });
console.log("链接路径 http://localhost:8000/");
for await (const req of s) {
  req.respond({ body: "Hello TypeScript" });
}
```

（5）在终端中输入指令 deno run --allow-net index.ts，运行完成后在浏览器中输入网址 http://localhost:8000/，运行结果如图 9-31 所示。

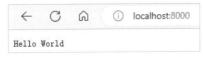

图 9-31　index.ts 文件的运行结果

9.5.2　ncc 介绍

ncc 是一个打包工具，可以将一个 Node.js 项目编译打包成单个的 .js 文件。ncc 在打包发布时只将相关的应用程序的代码发送到服务器环境，因此，可以使项目的启动时间变得更短。下面将通过一个示例详细讲解 ncc 工具在 TypeScript 项目中的使用，具体流程如下。

（1）新建一个文件夹并命名为 demo-09，在 Visual Studio Code 中将其打开，然后分别在终端中输入指令 npm init -y 和 tsc --init，初始化项目，运行成功后会在文件夹下生成一个名称为 package.json 的配置文件和一个名称为 tsconfig.json 的编译器配置文件，如图 9-32 所示。

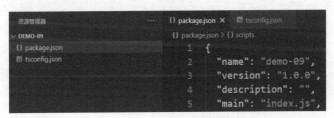

图 9-32　生成的文件目录

（2）在终端中输入指令 npm i -g @zeit/ncc，安装 ncc 工具，如图 9-33 所示。

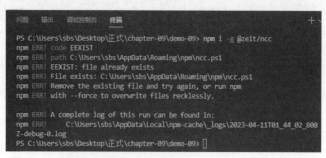

图 9-33　安装 ncc 工具

（3）在 demo-09 文件夹下新建一个 index.ts 文件，并在 index.ts 文件中编写一段代码，如图 9-34 所示。

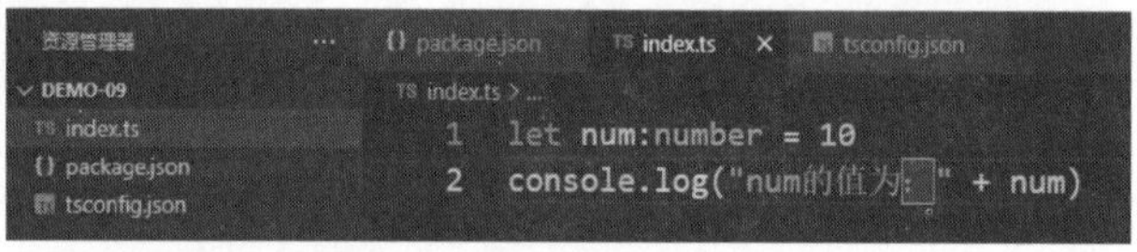

图 9-34　新建 index.ts 文件

（4）修改 package.json 配置文件中的 scripts 的属性值。

例 9-23　修改后的 package.json 文件

```
"scripts": {
  "build": "ncc build index.ts -o dist"
},
```

（5）修改 tsconfig.json 编译器配置文件中的 moduleResolution 的属性值。

例 9-24　修改后的 tsconfig.json 文件

```
"moduleResolution": "node",
```

（6）在终端中输入指令 npm run build，编译 index.ts 文件，编译成功后会在 demo-09 文件夹中生成一个名称为 dist 的文件夹，并在 dist 文件夹中生成一个 index.js 文件，如图 9-35 所示。

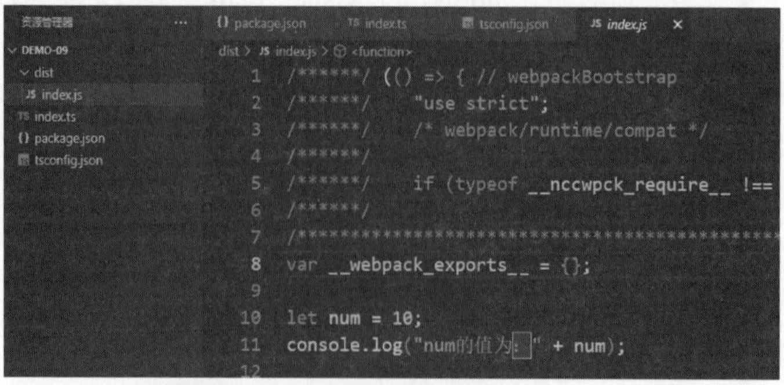

图 9-35　打包生成的 index.js 文件

（7）在终端中输入指令 ncc run dist/index.js，运行 index.js 文件，结果如图 9-36 所示。

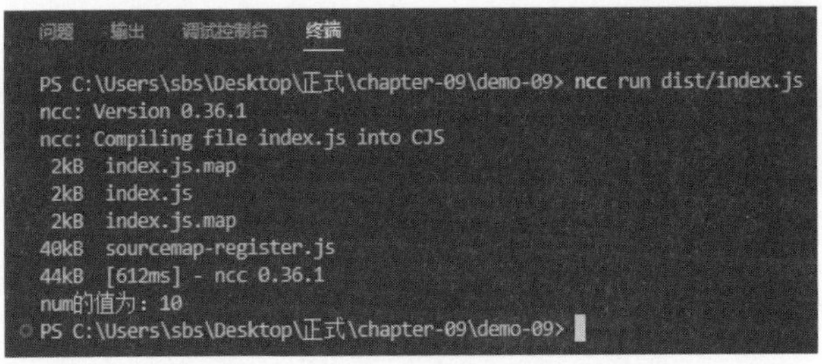

图 9-36　index.js 文件的运行结果

9.6　就业面试技巧与解析

本章主要讲解了 TypeScript 源映射和 TSLint linter 和 Webpack、Babel、Deno、ncc 等工具的使用，通过上面的讲解相信大家都已熟练掌握。这些知识在面试中常以下面的形式体现。

9.6.1　面试技巧与解析（一）

面试官：Webpack 的基本功能有哪些？
应聘者：Webpack 是目前较为流行的前端构建工具，它的主要基本功能有以下几个。
（1）代码转化：可以将 TypeScript 编译为 JavaScript 代码。
（2）代码校验：检测代码的编写是否规范。
（3）文件优化：可以压缩 JavaScript 代码、HTML 代码和 CSS 代码等。
（4）自动发布：在代码更新后，自动构建代码。

9.6.2　面试技巧与解析（二）

面试官：Babel 编译器的作用有哪些？
应聘者：Babel 编译器的作用有以下两个。
（1）Babel 是目前较为流行的 JavaScript 编译器，它可以将最新的 JavaScript 代码转换为老式的 JavaScript 代码，以此来实现浏览器和 node.js 的兼容。
（2）Babel 编译器还可以替换 TypeScript 的内置编译器 tsc，来实现将 .ts 文件编译为 .js 文件的功能。

第 10 章
TypeScript 高级特性

 本章概述

本章将介绍 TypeScript 语言的高级特性。在编码中合理地使用这些高级特性，可以使代码更加干净直观。但是在使用这些高级特性时，需要考虑到不同特性的使用场景和使用时需要注意的事项。本章通过技术需求、使用 tsconfig 构建面向未来的 TypeScript 和 TypeScript 高级特性简介这 3 个小节来展开讲解 TypeScript 高级特性。

 知识导读

本章要点（已掌握的在方框中打钩）
- □ 技术需求。
- □ 使用 tsconfig 构建面向未来的 TypeScript。
- □ TypeScript 高级特性简介。

10.1 技术需求

想要开始一个项目的创建，首先需要安装配置好运行环境和编译器，TypeScript 的编译器通过 Node.js 安装，具体安装流程可以查看 1.4 节。

使用一个优秀的编译器可以大大提高代码的开发效率，本书使用的 TypeScript 编辑器为 Visual Studio Code，它是一个免费的跨平台集成环境，具体安装流程可以查看 1.3.2 节。

10.2 使用 tsconfig 构建面向未来的 TypeScript

TypeScript 作为目前较为流行的前端语言，其快速发展的开源架构使 TypeScript 语言更受开发者的欢迎。在 TypeScript 的开发中，虽然可以通过指令直接在命令行中进行项目配置，但是在日常的开发中常使用 tsconfig.json 配置文件来进行项目配置。tsconfig.json 的创建方式有两种，具体如下。

（1）在项目的根目录下手动创建 tsconfig.json 文件。

（2）通过在终端中输入指令 tsc --init 来生成 tsconfig.json 文件，生成的文件如图 10-1 所示。

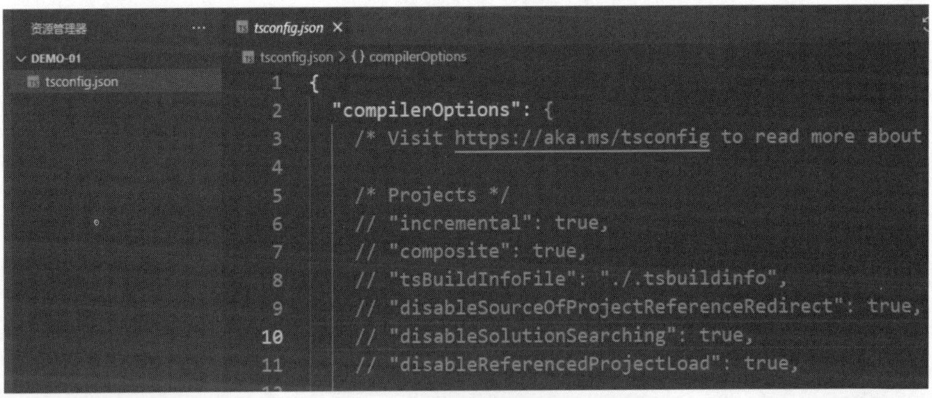

图 10-1　生成的 tsconfig.json 文件

说明：compilerOptions 中常用的参数有以下几种。
- target：用于指定编译的目标版本，默认值是 ES3，常用的值为 ES5 和 ES6。
- lib：用于设置需要引入的全局类型声明。
- strict：用于管理是否启用严格类型检查。
- module：用于设置编译后的 js 使用那种模块系统。
- types：用于指定使用哪些全局类型声明。

10.3　TypeScript 高级特性简介

目前，TypeScript 语言是前端开发中一门非常流行的语言，熟练掌握 TypeScript 语言的高级特性对使用 TypeScript 是至关重要的。下面将通过一些实例介绍 TypeScript 的高级特性。

10.3.1　借助联合类型使用不同的类型

当一个参数希望有两种或多种类型时，就需要使用联合类型来定义这个参数。例如，判断一个 number 类型或者 string 类型的值是否在某个区间内，当值在这个区间内时返回 true，否则返回 false，具体实现步骤如下。

（1）新建一个文件夹并命名为 demo-01，在 Visual Studio Code 中将其打开，然后在 demo-01 文件夹中新建一个 index.ts 文件，如图 10-2 所示。

图 10-2　demo-01 的文件目录

（2）在 index.ts 文件中新建一个类 ClassOne，并在类中声明两个方法，一个方法用于判断值的范围，另一个方法用于转换值的类型。

例 10-1　index.ts 文件中的代码（一）

```
// 声明类
class ClassOne {
    // 声明两个私有变量
    private one: number;
    private two: number;
    constructor(one: number, two: number) {
        this.one = one;
        this.two = two;
    }
    // 判断 valued 的值是否在 one 和 two 之间
    protected Compare(value: number): boolean {
        return value > this.one && value < this.two;
    }
    // 将 string 类型转换为 number 类型
    protected Conversion(value: string): number {
        return new Number(value).valueOf();
    }
}
```

（3）在 index.ts 文件中新建一个类 ClassTwo，并继承 ClassOne 类，在 ClassTwo 类中创建一个 Judgment 方法，此方法用于判断接收参数的类型，然后根据不同的类型调用不同的方法。

例 10-2　index.ts 文件中的代码（二）

```
// 继承 ClassOne 类
class ClassTwo extends ClassOne {
    Judgment(value: string | number): boolean {
        // 判断 value 的类型是否为 number 类型
        if (typeof value === "number") {
            return this.Compare(value);
        }
        // 当 value 的类型为 string 类型时先调用 Conversion 方法，将 string 类型转换为 number 类型再进行比较
        return this.Compare(this.Conversion(value));
```

```
        }
}
```

（4）实现 ClassTwo 类，并调用 ClassTwo 类中的 Judgment 方法。

例 10-3　index.ts 文件中的代码（三）

```
// 实现类
let c = new ClassTwo(1,3);
// 打印结果
console.log(c.Judgment("2"));
```

（5）在终端中输入指令 tsc index.ts，编译 index.ts 文件，编译成功后生成一个 index.js 文件，然后在终端中输入指令 node index.js，运行编译生成的 index.js 文件，运行结果如图 10-3 所示。

图 10-3　index.js 文件的运行结果

10.3.2　使用交叉类型组合类型

交叉类型是由多个类型组合而成的。在日常开发中常常会将多个类型合并为一个类型进行处理，那么此时就需要使用交叉类型了。下面将通过一些实例详细讲解交叉类型的使用。

（1）新建一个文件夹并命名为 demo-02，在 Visual Studio Code 中打开，然后在 demo-01 文件夹中新建一个 index.ts 文件，如图 10-4 所示。

图 10-4　demo-01 的文件目录

（2）创一个交叉类型。

①在 index.ts 文件中新建一个 Animal 类和一个 Behavior 类，并分别在两个类中添加属性。

例 10-4　index.ts 文件中的代码（一）

```
// 声明类
class Animal {
    species:string;
    age:number;
}
```

```
// 声明类
class Behavior {
    cry:string;
    hobby:string;
}
```

②创建一个交叉，使其同时具有 Animal 类和 Behavior 类的所有属性。通过创建一个函数来实现。

例 10-5   index.ts 文件中的代码（二）

```
// 声明函数
function AnimalBehavior(animal: Animal, behavior: Behavior): Animal & Behavior {
    let animalBehavior = <Animal & Behavior>{}
    animalBehavior.species = animal.species;
    animalBehavior.age = animal.age;
    animalBehavior.cry = behavior.cry;
    animalBehavior.hobby = behavior.hobby;
    return animalBehavior;
}
```

③调用 AnimalBehavior 函数，并将结果打印在控制台。

例 10-6   index.ts 文件中的代码（三）

```
// 调用函数并打印结果
console.log(AnimalBehavior({ species: "旺财", age: 1 }, { cry: "汪汪汪", hobby: "吃骨头" }))
```

④在终端中输入指令 tsc index.ts，编译 index.ts 文件，编译成功后生成一个 index.js 文件，然后在终端中输入指令 node index.js，运行编译生成的 index.js 文件，运行结果如图 10-5 所示。

图 10-5   index.js 文件的运行结果

（3）当创建的交叉类型中有相同属性时。
①修改 index.ts 文件中的代码。

例 10-7   修改后的 index.ts 文件

```
// 声明类
class Animal {
    species: string;
    age: number;
}
// 声明类
class Behavior {
```

```
    cry: string;
    hobby: string;
    age: number;
}
// 声明函数
function AnimalBehavior(animal: Animal, behavior: Behavior): Animal & Behavior {
    let animalBehavior = <Animal & Behavior>{}
    animalBehavior.species = animal.species;
    animalBehavior.age = animal.age + behavior.age;
    animalBehavior.cry = behavior.cry;
    animalBehavior.hobby = behavior.hobby;
    return animalBehavior;
}
// 调用函数并打印结果
console.log(AnimalBehavior({ species: "旺财", age: 1 }, { cry: "汪汪汪", hobby: "吃骨头", age: 1 }))
```

②在终端中输入指令 tsc index.ts，编译 index.ts 文件，编译成功后生成一个 index.js 文件，然后在终端中输入指令 node index.js，运行编译生成的 index.js 文件，运行结果如图 10-6 所示。

图 10-6　index.js 文件的运行结果

说明：当两个类中有相同属性时，只要属性的类型相同，就不会编译报错。反之，当属性名相同，属性类型不同时，将会编译报错。

（4）当创建的交叉类型中有的属性有可选属性时。

①修改 index.ts 文件中的代码。

例 10-8　修改后的 index.ts 文件

```
// 声明类
class Animal {
    species: string;
    age: number;
}
// 声明类
class Behavior {
    cry: string;
    hobby: string;
    age?: number;
}
// 声明函数
function AnimalBehavior(animal: Animal, behavior: Behavior): Animal & Behavior {
```

```
        let animalBehavior = <Animal & Behavior>{}
        animalBehavior.species = animal.species;
        // 三目运算符判断 behavior.age 的值是否为空
        animalBehavior.age = behavior.age ? behavior.age + animal.age : animal.age;
        animalBehavior.cry = behavior.cry;
        animalBehavior.hobby = behavior.hobby;
        return animalBehavior;
}
// 调用函数并打印结果
console.log(AnimalBehavior({ species: "旺财", age: 1 }, { cry: "汪汪汪", hobby: "吃骨头" }))
```

②在终端中输入指令 tsc index.ts，编译 index.ts 文件，编译成功后生成一个 index.js 文件，然后在终端中输入指令 node index.js，运行编译生成的 index.js 文件，运行结果如图 10-7 所示。

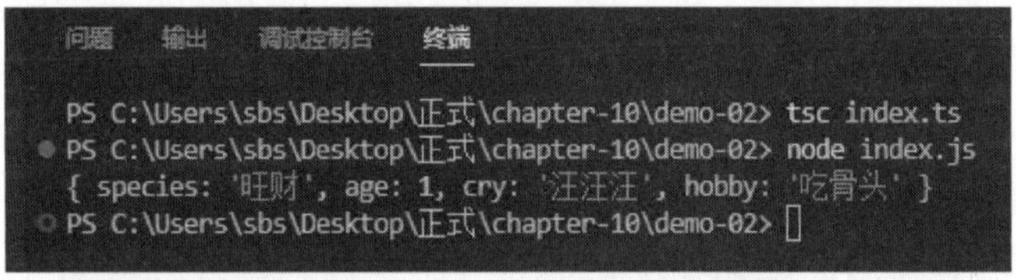

图 10-7　index.js 文件的运行结果

10.3.3　使用类型别名简化类型声明

类型别名即为创建的类型起一个别名，常和联合类型、交叉类型一起使用。在日常开发中，使用类型别名可以大大提高代码的可读性和整洁性。

例 10-9　类型别名的基本语法

```
type StrOrNum = string | number;
```

通过使用类型别名优化 10.3.1 节中的示例代码。

例 10-10　优化后的 index.ts 文件

```
// 声明类
class ClassOne {
    // 声明两个私有变量
    private one: number;
    private two: number;
    constructor(one: number, two: number) {
        this.one = one;
        this.two = two;
    }
    // 判断 valued 的值是否在 one 和 two 之间
    protected Compare(value: number): boolean {
```

```
            return value > this.one && value < this.two;
    }
    // 将 string 类型转换为 number 类型
    protected Conversion(value: string): number {
        return new Number(value).valueOf();
    }
}
// 创建类型别名
type StrOrNum = string | number;
// 继承 ClassOne 类
class ClassTwo extends ClassOne {
    Judgment(value: StrOrNum): boolean {
        // 判断 value 的类型是否为 number 类型
        if (typeof value === "number") {
            return this.Compare(value);
        }
        // 当 value 的类型为 string 类型时，先调用 Conversion 方法将 string 类型转换为 number 类型再进行比较
        return this.Compare(this.Conversion(value));
    }
}
// 实现类
let c = new ClassTwo(1, 3);
// 打印结果
console.log(c.Judgment("2"));
```

编译并运行优化后的代码，运行结果如图 10-8 所示。

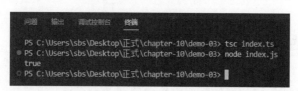

图 10-8　index.js 文件的运行结果

10.3.4　使用对象展开赋值属性

对象展开赋值通过 3 个点（…）来声明该操作作为一个展开操作处理，在 10.3.2 节中通过分别赋值将属性赋值给交叉来实现交叉类型。除了这种方式，还可以通过使用展开运算符的方式来实现。

在 10.3.2 节中实例代码的基础上进行优化。

例 10-11　优化后的 index.ts 文件

```
// 声明类
class Animal {
    species: string;
    age: number;
```

```
}
// 声明类
class Behavior {
    cry: string;
    hobby: string;
    age: number;
}
// 声明函数
function AnimalBehavior(animal: Animal, behavior: Behavior): Animal & Behavior {
    // 展开运算符赋值
    let animalBehavior = <Animal & Behavior>{ ...animal, ...behavior }
    return animalBehavior;
}
// 调用函数并打印结果
console.log(AnimalBehavior({ species: "旺财", age: 1 }, { cry: "汪汪汪",
hobby: "吃骨头", age: 3 }))
```

说明：当类中有相同属性时，在使用展开运算符赋值时，后赋值的属性值会将现赋值的属性值覆盖。

编译并运行优化后的代码，运行结果如图 10-9 所示。

图 10-9　index.js 文件的运行结果

10.3.5　使用 REST 属性解构对象

解构对象就是将对象中的属性赋值给单独的变量。在日常开发中，除了使用赋值变量的方式来解构对象，还可以通过使用 REST 属性来实现解构对象，相比原始的解构对象的方式，使用 REST 属性解构对象使代码变得更加优雅干净。想要理解 REST 属性，首先需要了解如何解构对象。

解构对象的方式一：通过单独赋值来解构对象。

例 10-12　创建并解构对象（一）

```
// 声明一个对象
let animal = {
    dogName: "旺财",
    dogAge: 3,
    gender: "公"
}
// 解构对象
const dogName = animal.dogName;
```

```
const dogAge = animal.dogAge;
const gender = animal.gender;
// 打印结果
console.log("姓名: " + dogName)
console.log("年龄: " + dogAge)
console.log("性别: " + gender)
```

编译并运行代码，运行结果如图 10-10 所示。

图 10-10　解构对象的运行结果（一）

解构对象的方式二：解构对象的简写方式。

例 10-13　创建并解构对象（二）

```
// 声明一个对象
let animal = {
    dogName: "旺财",
    dogAge: 3,
    gender: "公"
}
// 解构对象
let{dogName,dogAge,gender} = animal;
// 打印结果
console.log("姓名: " + dogName)
console.log("年龄: " + dogAge)
console.log("性别: " + gender)
```

编译并运行代码，运行结果如图 10-11 所示。

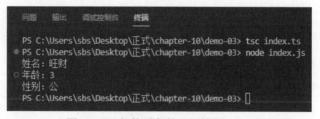

图 10-11　解构对象的运行结果（二）

解构对象的方式三：通过使用 REST 属性解构对象。

例 10-14　创建并解构对象（三）

```
// 声明一个对象
let animal = {
```

```
        dogName: "旺财",
        dogAge: 3,
        gender: "公"
}
// 解构对象
let{dogName,...information} = animal;
console.log("姓名：" + dogName)
console.log("年龄：" + information.dogAge)
console.log("性别：" + information.gender)
```

说明：上述代码中的 information 属性中包含 animal 对象中除 dogName 以外的所有属性。在使用 REST 属性时需要注意的是，REST 属性必须在赋值列表的末尾，否则会编译报错。

编译并运行代码，运行结果如图 10-12 所示。

图 10-12　解构对象的运行结果（三）

10.3.6　使用 REST 处理可变数量的参数

经过上一小节的讲解，相信大家已经了解了 REST 属性的使用，本节将详细介绍 REST 参数在 TypeScript 中的使用。需要注意的是，REST 属性与 REST 参数并不相同。REST 参数常用于解决函数中接收的参数数量不确定的情况。

例 10-15　REST 参数的语法

```
function 函数名 (...REST 参数名：REST 参数类型[])：返回值类型 {
    代码块
}
```

说明：由于 REST 参数的数量是可变的，因此用数组的形式表示。

下面将通过一个实例来描述 REST 参数的使用。

例 10-16　使用 REST 参数的示例代码

```
// 声明函数
function A(...informations: number[]): void{
    let i = 0;
    // 遍历 informations 中的属性值
    informations.forEach(element => {
        i++;
        console.log("第" + i + "个参数的值为:" +element);
```

```
    });
}
// 调用函数
A(8,7,6);
```

编译并运行代码，运行结果如图 10-13 所示。

图 10-13　使用 REST 参数示例代码的运行结果

10.3.7　使用装饰器进行 AOP

装饰器是一种特殊类型的声明，在第 8 章中已经介绍了装饰器的声明与使用。AOP 是目前开发中的一个热点，它可以降低代码的耦合度，提高代码的可重用性。下面将通过一个实例来详细讲解使用装饰器进行 AOP，具体流程如下。

（1）新建一个文件夹并命名为 demo-04，在 Visual Studio Code 中将其打开，然后在文件夹下新建一个 index.ts 文件，之后在终端中输入指令 tsc --init，此时会生成一个名称为 tsconfig.json 的编译器的配置文件，结果如图 10-14 所示。

（2）在 TypeScript 中要想使用装饰器，首先需要启用装饰器，修改 tsconfig.json 文件中 experimentalDecorators 的属性值为 true，修改后的 tsconfig.json 文件如图 10-15 所示。

图 10-14　demo-04 的文件目录 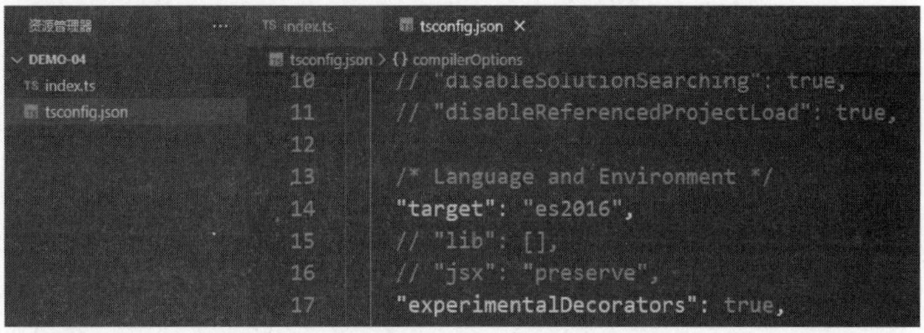　　　　图 10-15　修改后的 tsconfig.json 文件

（3）在 index.ts 文件中编写装饰器进行 AOP 的实例代码。

例 10-17　index.ts 文件中的代码

```
// 方法装饰器
const decorator = () =>{
    return (target: any, name: string, descriptor: PropertyDescriptor) => {
        // 保存原始的被装饰对象
        const primitive = descriptor.value
```

```
        // 替换被装饰对象
        descriptor.value = function (...args:any[]) {
            console.log('函数执行之前');
            // 嵌套
            const res = primitive.apply(this, args);
            console.log('函数执行之后', res);
            return res;
        }
    };
}
class A {
    // 方法装饰器
    @decorator()
    cry() {
        return 'Hello TypeScript'
    }
}
// 实例化
let a = new A();
a.cry()
```

（4）在终端中输入指令 npm init -y，执行完成后会在 demo-01 文件夹中生成一个名称为 package.json 的配置文件，修改文件中的 scripts 属性。

例 10-18　修改后的 package.json 文件

```
{
  "name": "demo-04",
  "version": "1.0.0",
  "description": "",
  "main": "index.js",
  "scripts": {
    "dev": "ts-node ./index.ts"
  },
  "keywords": [],
  "author": "",
  "license": "ISC"
}
```

（5）在终端中输入指令 npm run dev，运行项目，运行结果如图 10-16 所示。

图 10-16　index.ts 文件的运行结果

10.3.8 使用混入（mixin）组成类

混入（mixin）是面向对象中一个比较重要的概念，在日常开发中可以通过混入将两个对象或者类中的属性和方法混合起来，从而实现功能的复用。下面将通过一个实例来描述混入的使用，具体流程如下。

（1）新建一个文件夹并命名为 DEMO-05，在 Visual Studio Code 中将其打开，然后在 DEMO-05 文件夹中新建一个 index.ts 文件，如图 10-17 所示。

图 10-17　DEMO-05 的文件目录

（2）在 index.ts 文件中添加两个类，并在两个类中分别添加属性和方法。

例 10-19　在 index.ts 文件中分别声明两个类

```typescript
// 声明类
class ClassA {
    attributeA: string
    methodA() {
        this.attributeA = " 属性 A"
    }
}
// 声明类
class ClassB {
    attributeB: string;
    methodB() {
        this.attributeB = " 属性 B"
    }
}
```

（3）通过混入将两个类中的属性和方法混合，并通过实例化调用。

例 10-20　将类中的属性和方法混合

```typescript
// 扩展类
class Synthesis implements ClassA, ClassB {
    constructor() {}
    // 实现 ClassA 中的成员
    attributeA: string = " 属性 1"
    methodA: () => void
    // 实现 ClassB 中的成员
    attributeB: string = " 属性 2"
    methodB: () => void
}
// 混入基类的属性和方法
```

```
function mixins(base: any, from: any[]) {
    from.forEach(fromItem => {
        Object.getOwnPropertyNames(fromItem.prototype).forEach(key => {
            base.prototype[key] = fromItem.prototype[key];
        });
    });
}
// 混入方法，将基类中的属性方法复制到扩展类中
mixins(Synthesis, [ClassA, ClassB]);
// 实例化扩展类
let synthesis = new Synthesis()
console.log(synthesis)
// synthesis 中的方法
synthesis.methodA()
synthesis.methodB()
```

（4）在终端中输入指令 tsc index.ts，编译 index.ts 文件，编译成功后生成一个 index.js 文件，然后在终端中输入指令 node index.js，运行编译生成的 index.js 文件，运行结果如图 10-18 所示。

图 10-18　index.js 文件的运行结果

10.3.9　使用 Promise 和 async/await 创建异步代码

异步是开发中常用到的一种特性，指的是一个程序在执行一个任务的同时去执行其他任务。在 TypeScript 中创建异步常用的方式有两种：一种是使用 Promise，另一种是使用 Promise 和 async/await。下面将通过两个实例来介绍使用 Promise 及使用 Promise 和 async/await 创建异步的方法。

（1）使用 Promise 创建异步。Promise 会告诉编译器将会执行异步操作。在异步操作完成后可以对 Promise 的结果进行操作，如果 Promise 抛出了异常将会捕获它。

例 10-21　使用 Promise 创建异常

```
// 使用 Promise 创建异步
function Execute(time: number): Promise<void> {
    return new Promise((resolve, reject) => setTimeout(resolve, time));
}
// 声明类
class ClassA {
    Asynchronous(): void {
        // 4 秒后执行
        Execute(4000).then(() => console.log(' 执行成功 '))
```

```
            .catch(() => console.log('抛出异常'));
    }
}
console.log("开始！");
// 调用异步方法
new ClassA().Asynchronous();
console.log("结束！")
```

编译并运行代码，运行结果如图 10-19 所示。

图 10-19 使用 Promise 创建异常的运行结果

说明：控制台在打印"结束！"字样 4 秒后打印"执行成功"字样。

（2）使用 Promise 和 async/await 创建异步。相比只使用 Promise 创建异步，使用 Promise 和 async/await 创建异步，会使代码显得更加整洁。

例 10-22 使用 Promise 和 async/await 创建异常

```
// 使用 Promise 创建异步
function Execute(time: number): Promise<void> {
    return new Promise((resolve, reject) => setTimeout(resolve, time));
}
// 声明类
class ClassA {
    async Asynchronous(){
        try {
            // 4 秒后执行
            await Execute(4000);
            console.log('执行成功');
        } catch (error) {
            console.log('抛出异常');
        }
    }
}
console.log("开始！");
// 调用异步方法
new ClassA().Asynchronous();
console.log("结束！")
```

编译并运行代码，运行结果如图 10-20 所示。

图 10-20　使用 Promise 和 async/await 创建异常的运行结果

说明：在 Promise 中使用 async/await，只是将 Promise 包装起来，这两种方法运行时的行为完全相同。

10.4　就业面试技巧与解析

本章主要讲解了如何使用 tsconfig 构建 TypeScript，以及 TypeScript 的高级特性。通过上面的讲解，相信大家都已熟练掌握。这些知识在面试中常以下面的形式体现。

10.4.1　面试技巧与解析（一）

面试官：tsconfig.json 文件的作用是什么？tsconfig.json 文件中的常用参数有哪些？

应聘者：tsconfig.json 文件是 TypeScript 的编译配置文件，用于项目的编译。tsconfig.json 文件中通过 compilerOptions 属性配置编译选项，其中 compilerOptions 属性中的常有参数有以下几种。

（1）target：用于指定编译的目标版本，默认值是 ES3，常用的值为 ES5 和 ES6。
（2）lib：用于设置需要引入的全局类型声明。
（3）strict：用于管理是否启用严格类型检查。
（4）module：用于设置编译后的 js 使用哪种模块系统。
（5）types：用于指定使用哪些全局类型声明。

10.4.2　面试技巧与解析（二）

面试官：在 TypeScript 中解构对象的方式有哪些？

应聘者：在日常 TypeScript 开发中，常用的结构方式有两种：一种是通过单独赋值对象中的属性来解构对象，另一种是通过使用 REST 属性解构对象。在使用 REST 属性时需要注意的是，REST 属性必须在赋值列表的末尾，否则，会编译报错。

第 11 章

TypeScript 配置管理

本章概述

在日常开发中,一个 TypeScript 项目通常是由一个或多个 TypeScript 工程组成的。本章将详细介绍 TypeScript 工程的组织和管理、TypeScript 工程源文件的编译、tsconfig.json 编译配置文件的使用、TypeScript 的工程引用、JavaScript 的类型检查及三斜线指令在 TypeScript 工程中的使用。

知识导读

本章要点(已掌握的在方框中打钩)
- □ 编译器。
- □ 编译选择。
- □ tsconfig.json。
- □ 工程引用。
- □ 三斜线指令。

11.1 编译器

TypeScript 编译器是一个自动托管的编译器,它可以将 TypeScript 程序编译为可执行的 JavaScript 程序,并且 TypeScript 编译器可以对 TypeScript 代码和 JavaScript 代码进行静态类型检查。TypeScript 编译器通过 tsc 指令来编译 TypeScript 程序。本节将详细介绍 TypeScript 编译的安装及使用。

11.1.1 安装编译器

TypeScript 编译器通过使用 npm 来安装。npm 为 Node.js 安装包中的内置工具。Node.js 的具体安装流程可以参考 1.3.1 节。在 Node.js 安装成功后通过使用指令 npm install -g typescript

来全局安装 TypeScript 编译器，安装成功后通过指令 npm ls typescript -g 查看 TypeScript 编译器是否安装成功，如图 11-1 所示。

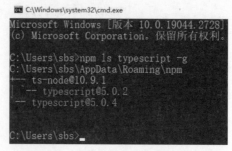

图 11-1　TypeScript 编译器运行结果

在 TypeScript 安装成功后，可以通过指令 tsc --help 获取 tsc 指令的帮助信息，如图 11-2 所示。

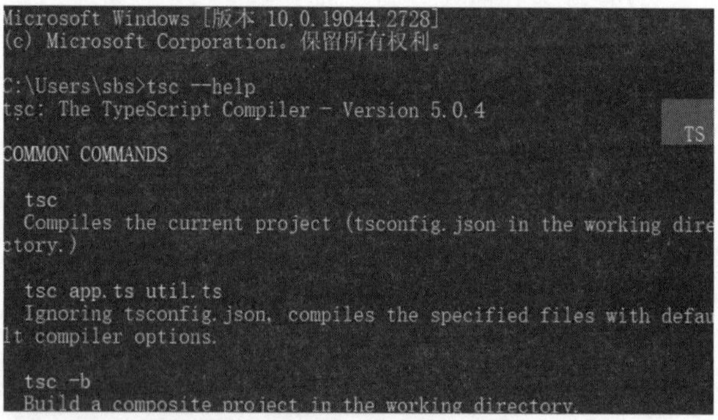

图 11-2　获取 tsc 指令的帮助信息

想要获取 tsc 指令完整的帮助信息，可以通过指令 tsc –help -all 获取，如图 11-3 所示。

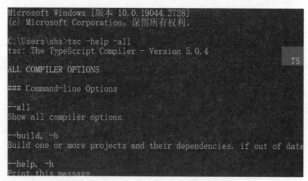

图 11-3　获取 tsc 指令完整的帮助信息

在 TypeScript 安装成功后，可以通过指令 tsc --version 获取 TypeScript 编译器的版本信息，如图 11-4 所示。

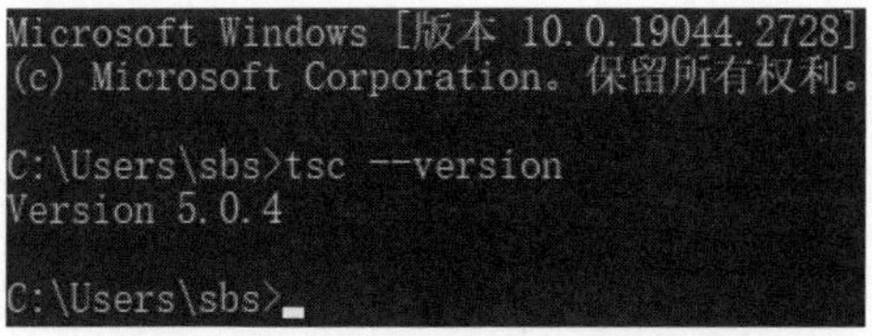

图 11-4　TypeScript 编译器的版本信息

11.1.2　编译程序

在 TypeScript 编译器安装成功之后就可以通过 tsc 命令来编译 TypeScript 工程了。本节中将详细介绍 TypeScript 编译器编译 TypeScript 工程的方式。

（1）TypeScript 编译器编译单个文件的具体流程如下。

①新建一个文件夹并命名为 demo-01，在 Visual Studio Code 中将其打开，然后在 demo-01 文件夹中新建一个 index.ts 文件，如图 11-5 所示。

图 11-5　新建 index.ts 文件

②在终端中输入指令 tsc index.ts，编译 index.ts 文件，默认情况下生成的 index.js 文件会和 index.ts 文件在同一目录下，结果如图 11-6 所示。

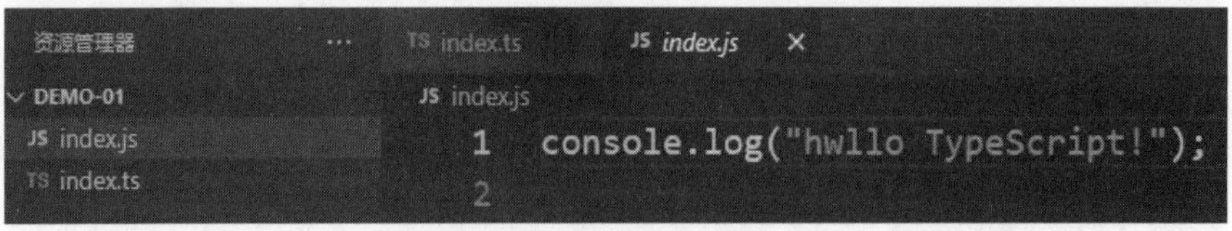

图 11-6　编译生成的 index.js 文件

提示：当被编译的文件的文件名中包含空格时，就需要使用反斜杠标注空格，或者使用单引号或双引号包裹文件名称。

例 11-1　当编译的文件的文件名中包含空格时的编译方式

```
当文件名为hello TypeScript.ts时
使用单引号
tsc 'hello TypeScript.ts'
使用双引号
tsc "hello TypeScript.ts"
使用反斜杠
tsc hello\ TypeScript.ts
```

（2）在TypeScript编译器中不仅可以编译单个文件，还可以同时编译多个文件，具体流程如下。

①新建一个文件夹并命名为demo-02，在Visual Studio Code中将其打开，然后在demo-02文件夹中新建一个indexA.ts文件和一个indexB.ts文件，如图11-7所示。

图11-7　新建indexA.ts和indexB.ts文件

②编译indexA.ts和indexB.ts文件方式一：在终端中输入指令tsc indexA.ts indexB.ts，编译indexA.ts和indexB.ts文件，结果如图11-8所示。

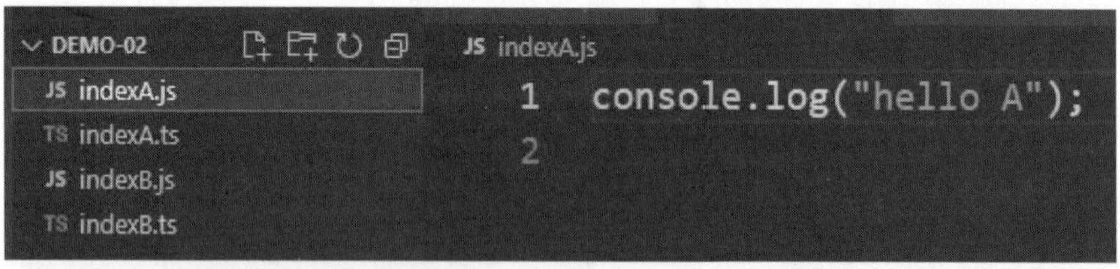

图11-8　编译indexA.ts和indexB.ts文件的结果

③编译indexA.ts和indexB.ts文件方式二：在终端中输入指令tsc *.ts，编译扩展名为.ts的文件，结果如图11-9所示。

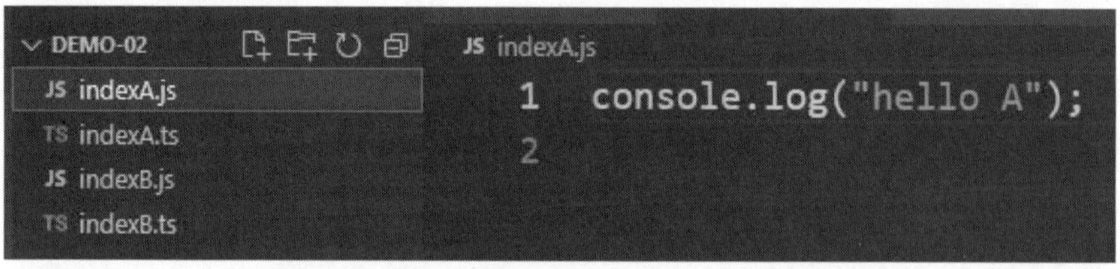

图11-9　编译indexA.ts和indexB.ts文件的结果

说明：方法二是使用通配符来查找待编译文件，常用的通配符有以下几种。

"*"：匹配单个或多个字符（需要注意的是，不包含目录分隔符）。

"?"：匹配单个字符（需要注意的是，不包含目录分隔符）。

"**/"：匹配任意目录及其子目录。

（3）TypeScript编译器除常规的编译方式外，还提供了一种特殊的编译方式，这种方式会在文件修改时重新编译文件，具体流程如下。

①新建一个文件夹并命名为demo-03，在Visual Studio Code中将其打开，然后在demo-03文件夹中新建一个index.ts文件，如图11-10所示。

图 11-10　新建 index.ts 文件

②在终端中输入指令 tsc index.ts --watch，编译 index.ts 文件，运行成功后 index.ts 文件将会进入观察模式，结果如图 11-11 所示。

图 11-11　编译 index.ts 文件

③当 index.ts 文件中的内容发生改变时，会重新自动编译 index.ts 文件，结果如图 11-12 所示。

图 11-12　重新编译 index.ts 文件

提示：当使用—watch 来编译文件时，每次编译都会清空终端中的输出信息，如果需要保留每次的输出信息，可以通过在—watch 指令后添加—preserveWatchOutput 来实现。

例 11-2　实时编译文件的语法

```
tsc index.ts --watch --preserveWatchOutput
```

11.2　编译选项

编译选项可以改变编译器的默认行为，它是传递给编译程序的参数。本节会介绍一些常用的编译选项的使用，如严格类型检查编译选项。下面通过编译选项风格、使用编译选项、严格类型检查和编译选项列表 4 节来详细了解编译选项的使用。

11.2.1 编译选项风格

在 TypeScript 中，编译选项风格有两种：一种是长名字风格，另一种是短名字风格。在编译选项中，每个编译选项都会有一个长名字，但是不每个编译选项都有短名字。需要注意的是，不管是长名字的编译选项还是短名字的编译选项，都是不区分大小写的，即 -h 和 -H 表示的含义相同。

在 TypeScript 中只有一小部分常用的编译选项具有短名字，并且短名字形式的编译选项一般为其长名字的首字母。具有短名字风格的编译选项如表 11-1 所示。

表 11-1 具有短名字风格的编译选

编译选项的长名字	编译选项的短名字	默认值	说　　明
--targent	-t	ES3	用于指定TypeScript编译的ES版本
--modeule	-m	—	编译生成的JavaScript代码所使用的模块格式
--version	-v	—	查看编译器的版本信息
--watch	-w	—	在观察模式下编译一个工程
--project	-p	—	使用指定的配置文件来编译工程
--declaration	-d	false	编译生成TypeScript的声明文件
--build	-b	false	构建TypeScript工程

说明：--watch 的详细介绍请参考 11.2.2 节。

11.2.2 使用编译选项

在 TypeScript 中使用编译选项的方式有两种：一种是携带参数，另一种是不携带参数。实际上每个编译选项都可以接收一个参数值。只是有些编译选项是具有默认值的，因此，可以省略参数。当编译选项的参数类型是 Boolean 且值为 true 时，传入的参数也可以省略。

例 11-3　执行编译选项的语法

```
tsc --emitBOM true 等同于 tsc --emitBOM
```

当需要同时执行多个编译选项时，可以在多个编译选项间通过空格分隔。

例 11-4　同时执行多个编译选项的语法

```
tsc --version --target ES5
```

11.2.3 严格类型检查

在 TypeScript 中，TypeScript 编译器提供了严格类型检查和非严格类型检查两种类型检查模式。其中，非严格类型检查是 TypeScript 编译器默认的类型检查模式，此模式常用于将 JavaScript 代码迁移到 TypeScript 时。

在开始编写一个 TypeScript 工程时，强烈建议使用严格类型检查模式，因为在严格类型检查模式下，TypeScript 编译器会进行额外的类型检查，从而可以更好地保证代码的正确性。在 TypeScript 中启用严格类型检查的方式有如下两种。

方式一：通过指令 tsc --strict 开启 TypeScript 工程的严格类型检查模式；运行指令后结果如图 11-13 所示。

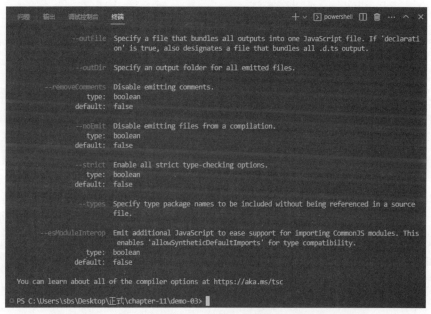

图 11-13　通过指令开启 TypeScript 工程的严格类型检查模式

方式二：修改 tsconfig.json 配置文件，启用严格类型检查模式，修改后的 tsconfig.json 配置文件如图 11-14 所示。

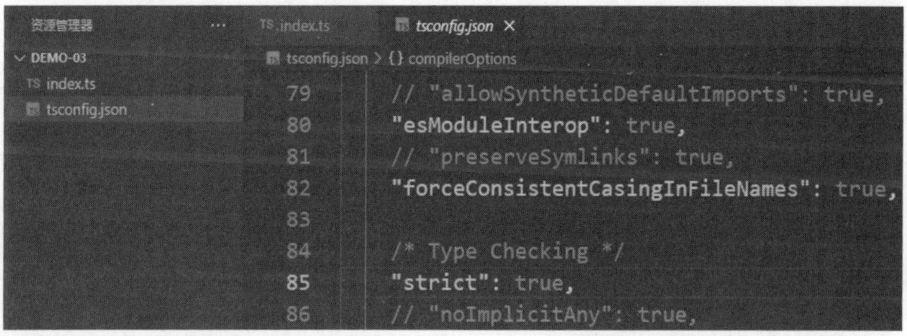

图 11-14　修改后的 tsconfig.json 配置文件

说明："strict": true 配置等同于如下配置：

例 11-5　设置严格类型检查

```
"noImplicitAny": true,
"strictNullChecks": true,
"strictFunctionTypes": true,
"strictBindCallApply": true,
"strictPropertyInitialization": true,
"noImplicitThis": true,
"alwaysStrict": true
```

（1）noImplicitAny：当 noImplicitAny 的值为 false 时，编译器将会忽略 any 类型的类型检查。

例 11-6　noImplicitAny 编译选项

```
// 当 "noImplicitAny": false 时，编译正常
function n(str) {
    console.log(str)
}
n(111);
// 当 "noImplicitAny": true 时，编译错误
// 报错信息为：参数 "str" 隐式具有 "any" 类型
function n(str) {
    console.log(str)
}
n(111);
```

（2）strictNullChecks：当 strictNullChecks 的值为 false 时，编译器将会忽略 undefined 值和 null 值。

例 11-7　strictNullChecks 编译选项

```
// 当 "strictNullChecks": false 时，编译正常
function s(str: string) {
    console.log(str)
}
s(undefined);
// 当 "strictNullChecks": true 时，编译错误
// 报错信息如下：类型 "null" 的参数不能赋给类型 "string" 的参数。
function s(str: string) {
    console.log(str)
}
s(null);
```

（3）strictFunctionTypes：用于控制函数参数类型和函数类型之间的关系。当 strictFunctionTypes 的值为 true 时，函数参数类型与函数类型之间是逆变关系；当 strictFunctionTypes 的值为 false 时，函数参数类型与函数类型之间是双变关系。

（4）strictBindCallApply：当 strictBindCallApply 的值为 false 时，编译器将会忽略函数对象上的内置方法的类型检查。

例 11-8　strictBindCallApply 编译选项

```
// 当"strictBindCallApply": false 时，编译正常
function s(this:Window, y: number) {
    console.log(y)
}
s.apply(window, ['旺财']);
s.call(window, 'hello');
s.bind(window);
// 当"strictBindCallApply": true 时，编译错误
// 报错信息如下：不能将类型 "string" 分配给类型 "number"
function s(this:Window, y: number) {
    console.log(y)
}
s.apply(window, ['旺财']);
s.call(window, 'hello');
s.bind(window);
```

（5）strictPropertyInitialization：当 strictBindCallApply 的值为 false 时，编译器将允许未初始化的属性存在。

例 11-9　strictPropertyInitialization 编译选项

```
// 当"strictPropertyInitialization": false 时，编译正常
class s{
    a:number = 1;
    b:number;
}
// 当"strictPropertyInitialization": true 时，编译错误
// 属性 "b" 没有初始化表达式，且未在构造函数中明确赋值
class s{
    a:number = 1;
    b:number;
}
```

（6）noImplicitThis：noImplicitThis 编译选项与 noImplicitAny 编译选项类似，当 noImplicitThis 编译选项的值为 true 时，如果程序中 this 的值隐式地获得了 any 类型，编译时将会报错。

（7）alwaysStrict：alwaysStrict 编译选项是 ES5 引入的一种新特性，这中新特性称为严格模式。当 alwaysStrict 编译选项的值为 true 时，编译器会以 JavaScript 的严格模式来检查代码。

11.2.4　编译选项列表

TypeScript 作为一门较为流行的编程语言，其版本一直在更新，随着 TypeScript 的更新，提供的编译选项也一直在变化，所以，在这里将不列出具体的编译选项列表。日常开发中在使用编译选项时，建议在 TypeScript 官网中查看当前版本最新的编译选项列表。

11.3 tsconfig.json

tsconfig.json 配置文件是在 TypeScript 1.5 版本之后引入的,它的主要功能是管理 TypeScript 工程。本节主要介绍 tsconfig.json 配置文件在 TypeScript 工程中的引用与使用;如何通过配置文件管理 TypeScript 工程中的编译文件列表和声明文件列表;配置文件的继承。

11.3.1 使用配置文件

tsconfig.json 配置文件是一个存在于 TypeScript 工程根目录下的 JSON 格式的文件。在日常开发中,使用 tsconfig.json 配置文件的方式有两种:一种是自动搜索配置文件,另一种是指定配置文件。

1. 自动搜索配置文件

在终端中通过输入指令 tsc 来编译文件,此时编译器会在运行 tsc 指令的目录下查找文件名称为 tsconfig.json 的配置文件。若当前目录存在 tsconfig.json 配置文件,则使用此配置文件来编译工程;若当前目录中不存在 tsconfig.json 配置文件,则继续向上一级目录搜索,直到搜索到系统的根目录为止;如果最终也未搜索到 tsconfig.json 配置文件,则当前工程会停止编译。运行的 tsc 指令如图 11-15 所示。

图 11-15　自动搜索配置文件

2. 指定配置文件

在运行 tsc 指令时,可以通过在 tsc 指令后添加 --project(-p)指令来实现指定配置文件,具体流程如下。

(1) 在 TypeScript 工程根目录下新建一个 customize.json 文件,并在 customize.json 文件中编写 TypeScript 工程的配置信息。

例 11-10　customize.json 文件中的示例代码

```
{
    "compilerOptions": {
        "target": "es2016",
        "module": "commonjs",
        "strict": true
    }
}
```

(2) 在终端中输入指令 tsc -p customize.json,编译文件,运行结果如图 11-16 所示。

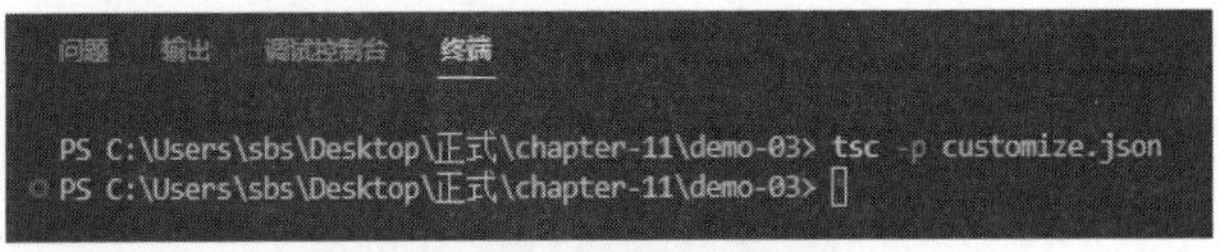

图 11-16　指定配置文件

11.3.2　编译文件列表

tsconfig.json 配置文件除了编译文件外，还可用于配置待编译的文件列表。TypeScript 提供了一个 listFiles 编译选项，当此编译选项启用后，编译器将会打印出参与编译文件的文件路径。启用 listFiles 编译选项的方式有两种：一种是通过指令 tsc--listFiles 启用，另一种是通过修改 tsconfig.json 配置文件启用。

（1）listFiles 编译选项，具体实现如下。

方式一：通过在终端中输入指令启用 listFiles。

例 11-11　启用 listFiles（方式一）

```
tsc -listFiles
```

方式二：通过修改 tsconfig.json 配置文件启用 listFiles。

例 11-12　启用 listFiles（方式二）

```
{
  "compilerOptions": {
    "listFiles": true,
  }
}
```

启用 listFiles 编译选项后，在终端中输入指令 tsc 编译文件，结果如图 11-17 所示。

图 11-17　启用 listFiles 后的编译结果

（2）默认编译文件列表：当在一个目录下执行 tsc 编译命令时，会默认编译当前目录及其子目录下的所有 TypeScript 文件，示例如下。

新建一个文件夹并命名为 demo-04，在文件夹中新建文件夹和文件，如图 11-18 所示。

图 11-18　文件目录

在终端中输入 tsc 指令，运行结果如图 11-19 所示。

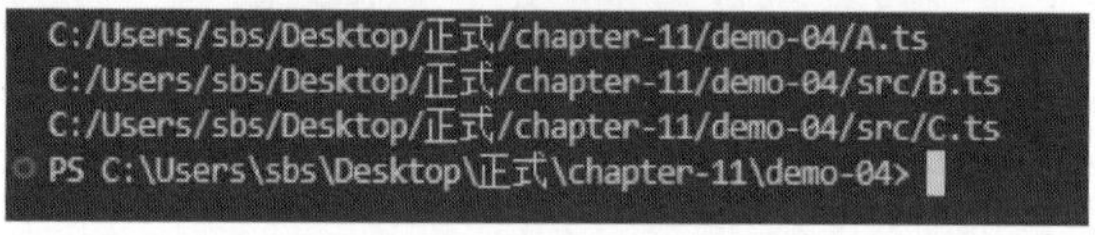

图 11-19　运行结果

（3）files 属性：tsconfig.json 配置文件中的 files 属性能够自定义编译文件的列表，示例如下。

在 demo-04 文件夹下的 tsconfig.json 文件中的顶层添加 files 属性。

例 11-13　在 tsconfig.json 文件中添加 files 属性

```
"files": ["src/B.ts"]
```

在终端中输入 tsc 指令，此时只会编译 src/B.ts 文件，运行结果如图 11-20 所示。

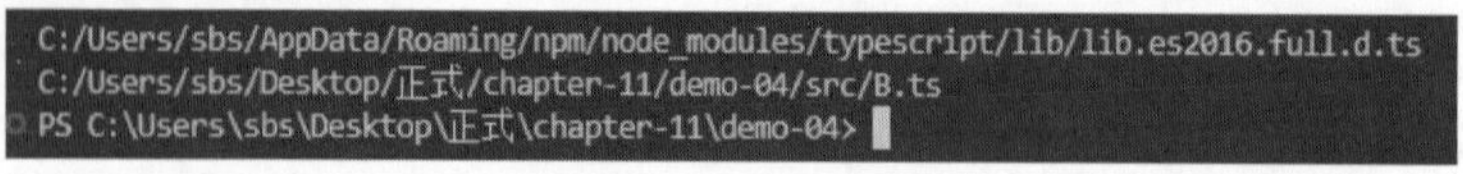

图 11-20　运行结果

（4）include 属性：tsconfig.json 配置文件中的 include 属性的功能包含 files 属性的功能，不同的地方在于，include 属性可以通过通配符来指定待编译的文件，示例如下。

在 demo-04 文件夹下的 tsconfig.json 文件中的顶层添加 include 属性。

例 11-14　在 tsconfig.json 文件中添加 include 属性

```
"include": ["src/*.ts"]
```

在终端中输入 tsc 指令，此时会编译文件 src/B.ts 和 src/A.ts，运行结果如图 11-21 所示。

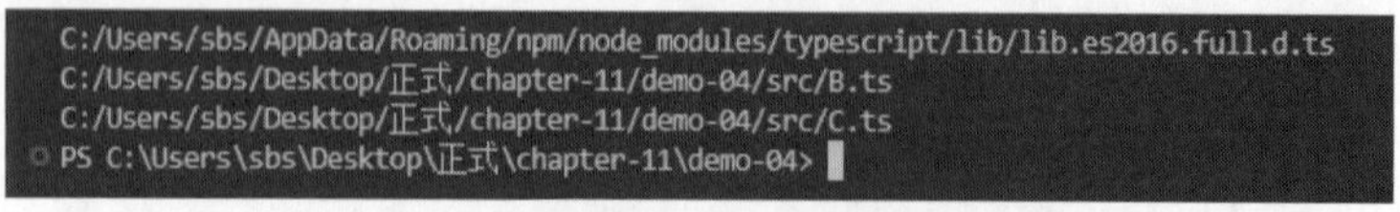

图 11-21　运行结果

（5）exclude 属性：tsconfig.json 配置文件中的 exclude 属性需要与 include 属性一起使

用，exclude 属性用于去除 include 属性匹配到的待编译的文件，示例如下。

在 demo-04 文件夹下的 tsconfig.json 文件中的顶层添加 exclude 属性。

例 11-15　在 tsconfig.json 文件中添加 exclude 属性

```
"include": ["src/*.ts"],
"exclude":["src/C.ts"]
```

在终端中输入 tsc 指令，此时只会编译 src/B.ts 文件，运行结果如图 11-22 所示。

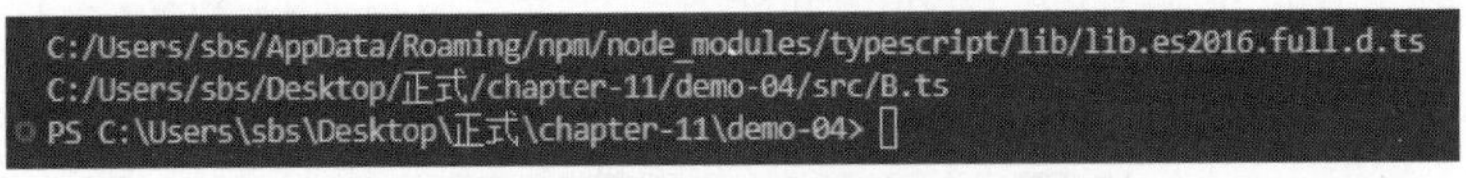

图 11-22　运行结果

11.3.3　声明文件列表

node_modules/@types 目录是 TypeScript 工程中一个特殊的目录，在安装 DefinitelyTyped 提供的声明文件时，会默认安装在 node_modules/@types 目录下，并且作为第三方声明文件的根目录。开发中可以通过在 tsconfig.json 配置文件中配置 typeRoots 和 types 编译选项来修改。

1. typeRoots 编译选项

在 TypeScript 工程中，typeRoots 编译选项用于指定使用的声明文件，当在 tsconfig.json 配置文件中添加了 typeRoots 编译选项时，只有此选项指定的目录文件下的声明文件会被添加到编译文件列表。

（1）新建一个文件夹并命名为 demo-05，在文件夹中新建文件夹和文件，如图 11-23 所示。

图 11-23　文件目录

（2）修改后的 tsconfig.json 配置文件的代码如图 11-24 所示。

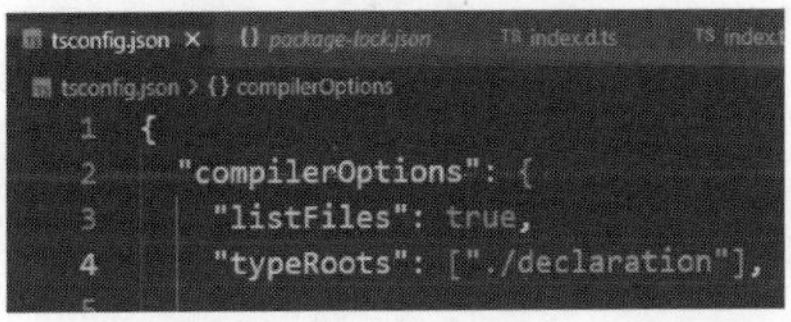

图 11-24　修改后的 tsconfig.json 配置文件的代码

（3）在终端中输入 tsc 指令，运行结果如图 11-25 所示。

```
C:/Users/sbs/Desktop/正式/chapter-11/demo-05/index.ts
C:/Users/sbs/Desktop/正式/chapter-11/demo-05/declaration/index.d.ts
PS C:\Users\sbs\Desktop\正式\chapter-11\demo-05> 
```

图 11-25　运行结果

说明：当需要同时使用 declaration 目录和 node_modules/@types 目录下的声明文件时，只需要将 declaration 目录和 node_modules/@types 目录同时添加到 typeRoots 编译选项中。修改后的 tsconfig.json 配置文件的代码如图 11-26 所示。

```
"compilerOptions": {
  "listFiles": true,
  "typeRoots": ["./declaration",
  "./node_modules/@types",],
```

图 11-26　修改后的 tsconfig.json 配置文件

2. types 编译选项

在 TypeScript 工程中，types 编译选项同时也是用于指定使用的声明文件的，它和 typeRoots 编译选项的不同之处在于，types 编译选项配置的是具体的声明文件，而 typeRoots 编译选项配置的是含有声明文件的目录。

例 11-16　types 编译选项的语法

```
"types": ["声明文件的文件名称"],
```

11.3.4　继承配置文件

在 TypeScript 工程中，tsconfig.json 配置文件的继承允许重用配置文件，并且它也遵循 DRY 原则。当一个 TypeScript 项目中包含多个 TypeScript 工程时，可以将所有工程中相同的配置提取到一个配置文件中，然后由其他的配置文件继承此配置文件。在 TypeScript 工程中，配置文件的继承通过 extends 属性来实现。extends 属性继承配置文件的方式有两种：一种是通过相对路径的方式继承，另一种是通过绝对路径的方式继承。

1. 使用相对路径实现配置文件的继承

extends 属性的值是以“./”或者“../”开头的，实现流程如下。

（1）新建一个文件夹并命名为 demo-06，在文件夹中新建文件夹和文件，如图 11-27 所示。

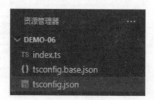

图 11-27　文件目录

(2) 使 tsconfig.json 配置文件继承 tsconfig.base.json 配置文件。

例 11-17　tsconfig.base.json 配置文件中的代码

```
{
   "compilerOptions": {
      "target": "es2016",
   }
}
```

例 11-18　tsconfig.json 配置文件中的代码

```
{
  // 继承 ./tsconfig.base.json 配置文件
  "extends": "./tsconfig.base.json",
  "compilerOptions": {
    "strict": true
  }
}
```

(3) 在终端中输入指令 tsc --showConfig -p tsconfig.json，编译工程，结果如图 11-28 所示。

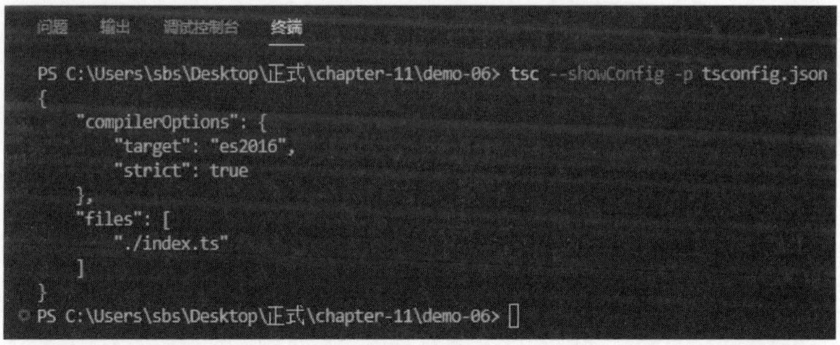

图 11-28　运行结果

说明：tsc --showConfig 显示出编译工程时使用的所有配置信息。需要注意的是，如果启用了 showConfig 编译选项，编译器将不会真正编译一个工程，而只会显示当前编译工程的配置。

2. 使用绝对路径实现配置文件的继承

当使用绝对路径来引入配置文件时，编译器将在当前配置文件所在的 node_modules 的子目录中查找。如果 node_modules 的子目录中包含指定的配置文件，则使用此配置文件。如果 node_modules 的子目录中不包含指定的配置文件，则继续在父级的 node_modules 的子目录中查找，直至查询到系统根目录为止。如果一直未查询到，则编译报错。

例 11-19　绝对路径继承配置文件的语法

```
"extends": " 在 node_modules 文件中的文件路径 "
```

11.4 工程引用

工程引用是在 TypeScript 3.0 之后引入的新功能，当一个工程较大时，可以通过工程引用，将一个大工程拆分为多个子工程，然后通过配置它们之间的依赖关系，将多个子工程关联到一起。在使用工程引用时，其拆封的每个子工程都可以进行单独的配置和类型检查，当修改其中一个子工程的代码时，会按需对其他工程进行类型检查。因此，在开发中使用工程引用可以大大提高类型检查的效率。

11.4.1 使用工程引用

要想在一个 TypeScript 工程中使用工程引用，需要在 tsconfig.json 配置文件中添加如下编译选项。

（1）references：用于配置当前工程所引用的其他工程。

（2）composite：当一个工程想要被其他工程引用时，必须将此属性的值设置为 true，当 composite 的值为 true 时，编译器可以定位依赖工程的输出文件位置。

提示：在启用 composite 编译选项时，必须启用 declaration 编译选项。

11.4.2 工程引用示例

图 11-29　文件目录

上述介绍了工程引用在 TypeScript 开发中的好处和使用，下面将通过一个实例详细讲解工程引用在开发中的使用，具体流程如下。

（1）新建一个文件夹并命名为 demo-07，在文件夹中新建文件夹和文件，如图 11-29 所示。

（2）在 textA 文件夹下的 indexA.ts 文件和 tsconfig.json 文件中分别编写代码。

例 11-20　indexA.ts 文件中的代码

```
export function add(a: number, b: number) {
    return a + b;
}
```

例 11-21　tsconfig.json 文件中的代码

```
{
    "compilerOptions": {
        // 定位依赖工程的输出文件位置
        "composite": true,
        // 在代码编辑器中使用"跳转到定义"的功能时，编辑器会自动跳转到代码实现的位置
```

```
            "declarationMap": true
    }
}
```

（3）在 textB 文件夹下的 indexB.ts 文件和 tsconfig.json 文件中分别编写代码。

例 11-22　indexB.ts 文件中的代码

```
// 引用 ../textA/indexA 文件
import { add } from '../textA/indexA';
console.log(add(10, 20));
```

例 11-23　tsconfig.json 文件中的代码

```
{
    // 设置当前工程所引用的工程
    "references": [
        {
            // 指向含有 tsconfig.json 配置文件的目录或者某一个文件
            "path": "../textA"
        }
    ]
}
```

11.4.3　--build

build（简写为 b）是 TypeScript 提供的一种用来配合工程引用的构建模式。build 在执行时会先查找当前工程所引用的工程，并检查当前工程和所引用的工程是否更新，若工程更新了，则重新构建工程，若工程未变化，则不进行重构。实现方式如下：

通过 tsc --build textB 指令编译 11.4.2 节中的实例项目，运行结果如图 11-30 所示。

说明：tsconfig.tsbuildinfo 文件为工程构建的详细信息，编译器通过此文件来判断当前工程是否需要重新编译。

图 11-30　编译生成的文件目录

11.4.4　solution 模式

在 TypeScript 的开发中，可以通过 solution 工程来同时管理一个项目中的多个工程。在 solution 模式开发的 TypeScript 项目中，只需要构建 solution 工程就能构建整个项目。下面将 11.4.2 节中的实例修改为 solution 模式，具体流程如下。

（1）在 demo-07 文件夹下新建一个 tsconfig.json 文件，并在其中编写代码。

例 11-24　新建的 tsconfig.json 文件中的代码

```
{
    "files": [],
    "include": [],
    "references": [
        {
            "path": "textA"
        },
        {
            "path": "textB"
        }
    ]
}
```

提示：必须将 files 和 include 的属性值设置为空数组，否则，编译器将会一直重复编译。

（2）在终端中输入指令 tsc --build –verbose，编译程序，结果如图 11-31 所示。

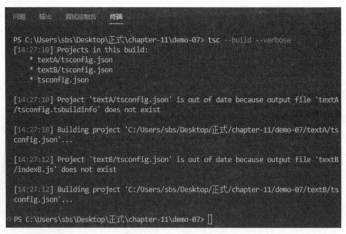

图 11-31　运行结果

说明：通过运行结果可以看出，编译器同时编译了 textA 工程和 textB 工程。

11.5　三斜线指令

三斜线指令是以三条斜线开始的一系列指令的统称。在使用三斜线指令时需要注意，三斜线指令不能出现在执行语句之后，否则，三斜线指令将会失效。下面将通过 /// <reference path="" />、/// <reference types="" /> 和 /// <reference lib="" /> 这三种三斜线指令来详细讲解三斜线指令在 TypeScript 开发中的使用。

11.5.1　/// <reference path="" />

/// <reference path="" /> 三斜线指令用于声明 TypeScript 中源文件的依赖关系。当一个文件中具有此三斜线指令时，在编译此文件时编译器会将三斜线指令中绑定的文件同时编译，实现流程如下。

（1）新建一个文件夹并命名为 demo-08，在文件夹中新建文件，如图 11-32 所示。

（2）在 indexA.ts 和 indexB.ts 文件中分别编写代码。

例 11-25　indexA.ts 文件中的代码

图 11-32　文件目录

```
/// <reference path="indexB.ts" />
let sum = add(10, 20);
```

例 11-26　indexB.ts 文件中的代码

```
function add(a: number, b: number) {
    return a + b;
}
```

（3）在终端中输入指令 tsc indexA.ts，编译 indexA.ts 文件，结果如图 11-33 所示。

说明：由于 indexA.ts 文件中通过三斜线指令引入了 indexB.ts 文件，因此在编译 indexA.ts 文件时也编译了 indexB.ts 文件。

（1）outFile 编译选项：在 TypeScript 中，outFile 编译选项可以将编译生成的 .js 文件合并为一个文件，但是在使用 outFile 编译选项时需要注意，outFile 编译选项不能合并使用 CommonJS 模块和 ES6 模块生成的 .js 代码，并且只有将 module 编译选项的属性值设置为 None、System 和 AMD 时才有效。

图 11-33　编译生成的文件目录

在 demo-08 项目的基础上使用 outFile 编译选项，具体流程如下。

①删除已经编译生成的 indexA.ts 和 indexB.ts 文件。

②在终端中输入指令 tsc indexA.ts --outFile main.js，编译 indexA.ts 文件，并将编译生成的代码放在 main.js 文件中，运行结果如图 11-34 所示。

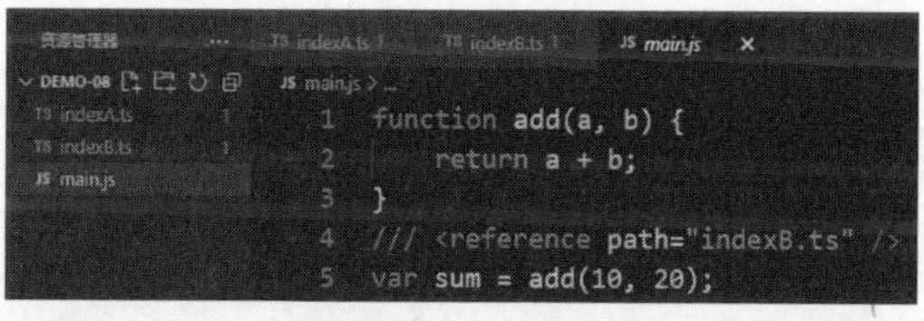

图 11-34　运行成功生成的 main.js 文件

（2）noResolve 编译选项：在编译 TypeScript 程序时，如果启用了 noResolve 编译选项，那么此时编译器将会忽略所有的三斜线指令。

在 demo-08 项目的基础上使用 noResolve 编译选项，具体流程如下。

①删除已经编译生成的 main.js 文件。

②在终端中输入指令 tsc indexA.ts --outFile main.js --noResolve，编译 indexA.ts 文件，并将编译生成的代码放在 main.js 文件中，运行结果如图 11-35 所示。

图 11-35　运行成功生成的 main.js 文件

说明：此处编译的 indexA.ts 文件，忽略了 indexA.ts 文件中的三斜线指令。

11.5.2　/// <reference types=""/>

图 11-36　文件目录

/// <reference types="" /> 三斜线指令用于定义对某个声明文件的依赖，其中 types 属性的值为声明文件安装包的名称。在 demo-08 项目的基础上使用 /// <reference types="" /> 三斜线指令，具体流程如下。

（1）删除已经编译生成的 main.js 文件。

（2）在终端中输入指令 npm install @types/jquery，安装 jQuery 的声明文件，运行结果如图 11-36 所示。

（3）在声明文件中通过三斜线指令来引用 jquery。

例 11-27　引入 jquery 的语法

```
/// <reference types="jquery" />
```

11.5.3　/// <reference lib="" />

在安装 TypeScript 时会默认安装一些内置的生命文件，而 /// <reference lib="" /> 三斜线指令就是用于定义对这些内置声明文件的依赖的。其中，lib 的属性值为内置声明文件的名称。

例 11-28　/// <reference lib="" /> 三斜线指令的语法

```
/// <reference lib=" 内置声明文件的名称 " />
```

11.6 就业面试技巧与解析

本章主要讲解了 TypeScript 的编译器、编译选项、tsconfig.json、工程引用、三斜线指令等配置管理，通过上面的讲解，相信大家都已熟练掌握。这些知识在面试中常以下面的形式体现。

11.6.1 面试技巧与解析（一）

面试官：什么是严格类型检查？使用严格类型检查能带来什么好处？
应聘者：在 TypeScript 中，TypeScript 编译器提供了严格类型检查和非严格类型检查两种类型检查模式。当 TypeScript 程序为非严格类型检查时，编译器将会忽略以下几点：
（1）编译器将会忽略 any 类型的类型检查。
（2）编译器将会忽略 undefined 值和 null 值。
（3）编译器将允许未初始化的属性存在。
（4）编译器将会忽略函数对象上的内置方法的类型检查。
相比非严格类型检查，严格类型检查在编译时会进行额外的类型检查。因此，在 TypeScript 中使用严格类型检查可以大大提高代码的正确性。

11.6.2 面试技巧与解析（二）

面试官：常用的三斜线指令有哪些？它们分别具有什么功能？
应聘者：在 TypeScript 中常用的三斜线指令有以下 3 种。
（1）/// <reference path="" /> 指令：用于声明 TypeScript 中源文件的依赖关系。当一个文件中具有此三斜线指令时，在编译此文件时编译器会将三斜线指令中绑定的文件同时编译。其中，path 属性的值为依赖文件的路径。
（2）/// <reference types="" /> 指令：用于定义对某个声明文件的依赖。其中，types 属性的值为声明文件安装包的名称。
（3）/// <reference lib="" /> 指令：用于定义对某个内置声明文件的依赖。其中，lib 的属性值为内置声明文件的名称。

第 12 章
系统总体架构分层

本章概述

经过近几年的发展，TypeScript 已经成为国内外前端开发的首选编程语言。经过前面章节的讲解，相信大家已经可以熟练使用 TypeScript 的语法了，本章将带领大家更加深入地了解 TypeScript 系统架构分层、系统架构中的核心编译器和系统架构中的数据集成设计。

知识导读

本章要点（已掌握的在方框中打钩）
- □ TypeScript 系统架构分层。
- □ 系统架构中的核心编译器。
- □ 系统架构中的数据集成设计。

12.1 TypeScript 系统架构分层

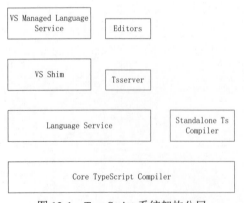

图 12-1 TypeScript 系统架构分层

一个 TypeScript 系统架构主要分为 VS Managed Language Service 层、Editors 层、VS Shim 层、Tsserver 层、Language Service 层、Standalone Ts Compiler 层和 Core TypeScript Compiler 层，具体架构层次如图 12-1 所示。

12.1.1 核心编译器

在 TypeScript 系统架构中，核心编译器位于架构的底层，主要包括语法解析器、类型联合器、类型检查器、代码生成器和预处理器，具体介绍可参考 12.2 节。

12.1.2 独立编译器

独立编译器可以根据不同的引擎采取不同的文件读/写策略，在前面的开发中常用到的 tsc 指令就是独立编译器，它会处理命令行中的指定文件，然后将其送入核心编译器中。下面将通过一个示例来讲解 tsc 指令的编译过程。

（1）要想使用 tsc 编译器，首先需要安装 TypeScript。

例 12-1　TypeScript 的安装

```
// 使用其中一种方式安装即可
npm install -g typescript
yarn add typescript --dev
pnpm add typescript -D
```

（2）在 TypeScript 安装成功后，可以通过在命令行中输入指令 tsc –help 来获取 tsc 帮助文档，结果如图 12-2 所示。

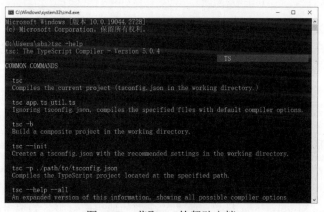

图 12-2　获取 tsc 的帮助文档

（3）新建一个文件夹并命名为 demo-01，在 Visual Studio Code 中将其打开，然后在 demo-01 文件夹中新建一个 index.ts 文件，如图 12-3 所示。

图 12-3　新建 index.ts 文件

（4）在 index.ts 中编写代码。

例 12-2　index.ts 文件中的代码

```
// 声明变量
```

```
const aaa: string = "你好！"
// 打印结果
console.log("aaa 的属性值为 " + aaa)
```

（5）在终端中输入指令 tsc index.ts，编译 index.ts 文件，如图 12-4 所示。

图 12-4　编译 index.ts 文件

图 12-5 所示为编译流程图。

图 12-5　编译流程图

（6）编译完成后会在 demo-01 文件下生成一个 index.js 文件。

例 12-3　生成的 index.js 文件

```
// 声明变量
var aaa = "你好！";
// 打印结果
console.log("aaa 的属性值为 " + aaa);
```

12.1.3　语言服务

在 TypeScript 中，语言服务主要是为核心编译器封装一层接口，用于支持典型的编译器操作。例如，Visual Studio Code 就是一个非常典型的使用语言服务的编辑器，所支持的具体操作如下。

（1）代码的自动补全、代码的格式化和高亮、函数签名提示。

（2）代码的重构。

（3）接口的调试。

（4）增量编程。

想要了解更多的语言服务知识，可以在官方文档 https://github.com/Microsoft/TypeScript/wiki/Using-the-Language-Service-API 中查看。

12.1.4　独立服务器

TypeScript 独立服务器是一个节点可执行文件，用于封装 TypeScript 编译器和语言服务，并对外暴露一种 JSON 协议的接口，并且它非常适合编译器和 IDE 的支持。想要了解更多的独立服务器知识可以在官方文档 https://github.com/Microsoft/TypeScript/wiki/Standalone-Server-(tsserver) 中查看。

12.2 系统架构中的核心编译器

核心编译器是 TypeScript 系统架构中的底层，下面将通过扫描器、语法解析器、类型联合器、类型检查器和代码生成器 5 节，来为大家详细讲解系统架构中核心编译器的组成。图 12-6 所示为编译流程。

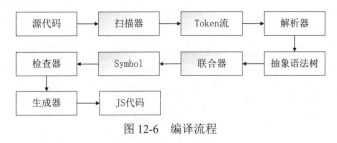

图 12-6　编译流程

12.2.1　扫描器（Scanner）

TypeScript 扫描器的作用为词法分析和生成 Token 流。此处的 Token 和前端开发中常使用的 Token 并不是同一个东西，此处的 Token 实际上只是一个标记。例如，const num = 1;这块代码中的关键字、变量、值和结束标志都可以生成 Token，只是生成 Token 的类别不同而已。核心流程如图 12-7 所示。

图 12-7　核心流程图

说明：TypeScript 编译器的扫描方式为逐个扫描，扫描器声明了一个全局变量来存储 Token。扫描器的核心函数为 scan 函数，每次调用 scan 函数，声明的全局变量的值就会更新为下一个 Token 的信息，因此，可以根据变量来获取当前 Token 的信息。

扫描器的主要功能是对源码进行语法分析，并根据每个词生成不同类型的 Token，下面将通过一个 TypeScript 扫描器示例来讲解 TypeScript 扫描器的实现，具体流程如下。

（1）新建一个文件夹并命名为 demo-02，在 Visual Studio Code 中将其打开，然后在 demo-02 文件夹中新建一个 index.ts 文件，如图 12-8 所示。

图 12-8　新建 index.ts 文件

（2）在 index.ts 文件中编写解析器代码。

例 12-4　index.ts 文件中的代码

```typescript
// 引入 ntypescript，它与 typescript 类似
import * as ts from 'ntypescript';
// 扫描器
const scanner = ts.createScanner(ts.ScriptTarget.Latest, true);
function ScanningFunction(text: string) {
    scanner.setText(text);
    scanner.setOnError((message: ts.DiagnosticMessage, length: number) => {
        console.error(message);
    });
    scanner.setScriptTarget(ts.ScriptTarget.ES5);
    scanner.setLanguageVariant(ts.LanguageVariant.Standard);
}
// 示例
ScanningFunction(
`
var num = 123;
`.trim()
);
// 开始扫描
var token = scanner.scan();
while (token != ts.SyntaxKind.EndOfFileToken) {
    let current = ts.formatSyntaxKind(token);
    let start = scanner.getStartPos();
    token = scanner.scan();
    let end = scanner.getStartPos();
    // 打印结果
    console.log(current, start, end);
}
```

（3）在终端中输入指令 npm init -y，生成配置文件 package.json，如图 12-9 所示。

图 12-9　生成的 package.json 文件

（4）在终端中输入指令 npm install ntypescript@latest --save --save-exact，引入 ntypescript，结果如图 12-10 所示。

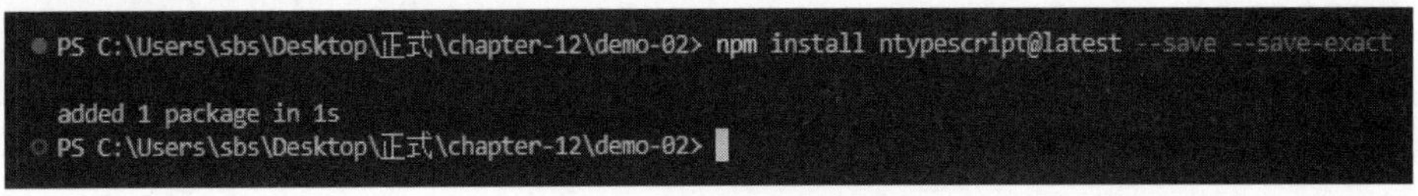

图 12-10　引入 ntypescript

（5）修改 package.json 文件中的调试代码。

例 12-5　修改后的 package.json 文件代码

```
{
  "name": "demo-02",
  "version": "1.0.0",
  "description": "",
  "main": "index.js",
  "scripts": {
    "test": "ts-node ./index.ts"
  },
  "keywords": [],
  "author": "",
  "license": "ISC",
  "dependencies": {
    "ntypescript": "1.201706190042.1"
  }
}
```

（6）在终端中输入指令 npm run test，运行 index.ts 文件，运行结果如图 12-11 所示。

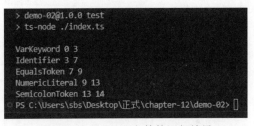

图 12-11　index.ts 文件的运行结果

12.2.2　语法解析器（Parser）

TypeScript 语法解析器的作用是根据 TypeScript 的语法，从源文件中生成对应的抽象语法树（AST），也可以称其为语法解析树。它以树的形式来表现编程语言的语法结构。语法解析树中的每个节点都表示一种结构。核心流程如图 12-12 所示。

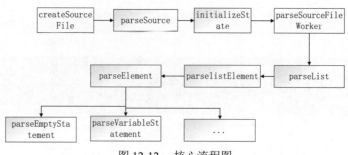

图 12-12　核心流程图

语法解析器的主要功能是通过源码生成不同的 node 节点，并将其组成一个抽象语法树。下面将通过一个 TypeScript 解析器示例来讲解 TypeScript 解析器的实现，具体流程如下。

（1）新建一个文件夹并命名为 demo-03，在 Visual Studio Code 中将其打开，然后在 demo-03 文件夹中新建一个 index.ts 文件，如图 12-13 所示。

图 12-13　新建 index.ts 文件

（2）在 index.ts 文件中编写解析器代码。

例 12-6　index.ts 文件中的代码

```typescript
// 引入 ntypescript，它与 typescript 类似
import * as ts from 'ntypescript';
// 声明函数
function print(node: ts.Node, i = 0) {
  console.log(new Array(i + 1).join('----'), ts.formatSyntaxKind(node.kind), node.pos, node.end);
  i++;
  node.getChildren().forEach(a => print(a, i));
}
var code = `
var num = 123;
`.trim();
var output = ts.createSourceFile('num.ts', code, ts.ScriptTarget.ES5, true);
print(output);
```

（3）在终端中输入指令 npm init -y，生成配置文件 package.json，如图 12-14 所示。

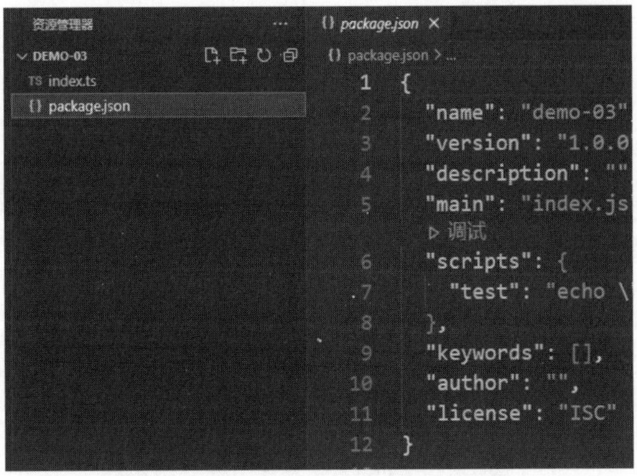

图 12-14　生成的 package.json 文件

（4）在终端中输入指令 npm install ntypescript@latest --save --save-exact，引入 ntypescript，结果如图 12-15 所示。

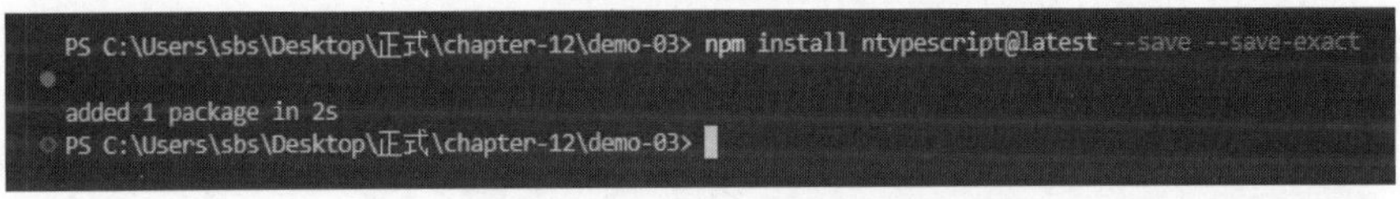

图 12-15　引入 ntypescript

（5）修改 package.json 文件中的调试代码。

例 12-7　修改后的 package.json 文件代码

```
{
  "name": "demo-03",
  "version": "1.0.0",
  "description": "",
  "main": "index.js",
  "scripts": {
    "test": "ts-node ./index.ts"
  },
  "keywords": [],
  "author": "",
  "license": "ISC",
  "dependencies": {
    "ntypescript": "1.201706190042.1"
  }
}
```

（6）在终端中输入指令 npm run test，运行 index.ts 文件，运行结果如图 12-16 所示。

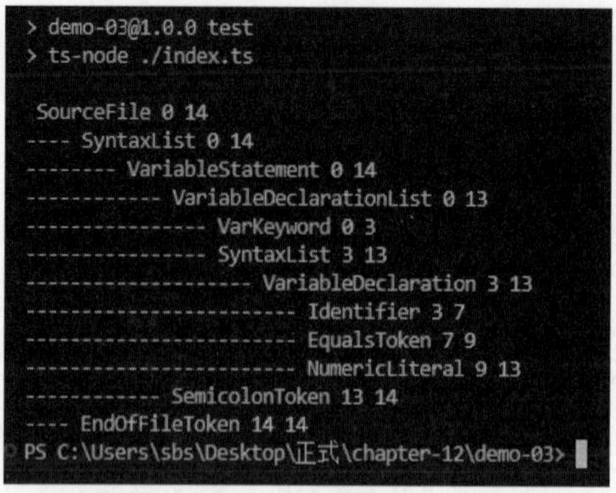

图 12-16 index.ts 文件的运行结果

12.2.3 类型联合器（Binder）

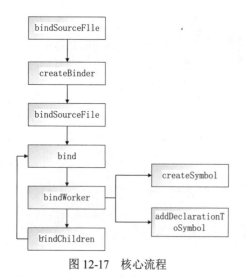

图 12-17 核心流程

TypeScript 类型联合器的作用是将同一类型名称的所有声明合并，此操作可以使类型系统直接使用合并后的类型，其主要职责是创建符号（Symbols）。核心流程如图 12-17 所示。

联合器又称绑定器，具有 addDeclarationToSymbol、createSymbol 和 bindWorker 3 个核心函数，函数的具体功能介绍如下。

（1）addDeclarationToSymbol：添加 node 节点声明。

（2）createSymbol：创建符号。

（3）根据节点的 kind 分发不同的 bind×××函数。

12.2.4 类型检查器（Checker）

TypeScript 类型检查器的作用是解析每种类型的结构和检查语义，并根据检查内容生成合适的检查结果。类型检查器是编译器中最大的部分，也是编译器中最重要的部分。

例 12-8 调用栈示例代码

```
program.getTypeChecker ->
    ts.createTypeChecker（类型检查器）->
        initializeTypeChecker（类型检查器） ->
            for each SourceFile `ts.bindSourceFile`（类型联合器）
```

```
for each SourceFile `ts.mergeSymbolTable`（类型检查器）
```

核心流程如图 12-18 所示。

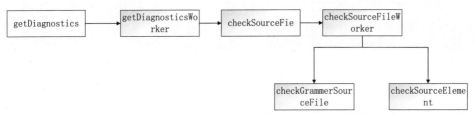

图 12-18　核心流程

12.2.5　代码生成器（Emitter）

TypeScript 代码生成器的作用是将项目中扩展名为 .ts 和 .d.ts 的文件转换为 .js、.d.ts 和 .map 等文件，即通过 AST 输出对应的 Javascript 代码和声明文件。核心流程如图 12-19 所示。

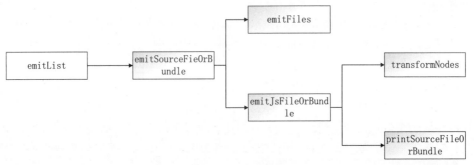

图 12-19　核心流程

说明：emitJsFileOrBundle 函数是编译过程中一个非常关键的环节，其主要作用是将经过 TypeScript 编译器处理的代码（通常是 AST，即抽象语法树）转换成 JavaScript 代码，并最终将这些 JavaScript 代码写入到文件中。

12.3　系统架构中的数据集成设计

在日常的系统架构设计中，经常会面临多个业务数据集成共享的问题，下面将通过数据物理集中、数据逻辑集中、数据联邦模式、数据复制模式和基于接口的数据集成模式 5 节来为大家讲解数据集成设计的具体内容。

12.3.1 数据物理集中

数据物理集中是指将全部数据放在一起，统一由一个数据库服务器管理。数据的物理集中可以实现数据的统一访问，同时可以有效提高数据的访问效率，其比较适合数据量比较大的查询和分析的应用程序。在使用数据物理集中时，除了要考虑它的优点，还需要考虑其时效性差、时间长、风险大等缺点。

12.3.2 数据逻辑集中

数据逻辑集中适用于业务系统分布在多个地方的应用程序。各位置的业务系统通过统一的整合平台实现各物理分布数据之间的数据共享，以实现实时访问分布在各处的数据，其优点是实施速度快，缺点是受网络传输速度的影响，不适用于过长的数据。

经过上面的介绍，相信大家已经了解了数据物理集中和数据逻辑集中的优点和缺点，下面将通过一个示例来介绍数据物理集中和数据逻辑集中的区别。

示例：商城系统的客户信息集成是如何实现的？

答案：

（1）当客户的信息集成方式为逻辑集成时，客户的信息存在于各个地方，需要访问客户信息时可以通过统一的数据平台进行访问。

（2）当客户的信息集成方式为物理集成时，客户的信息将存在一个数据库中，需要访问客户信息时可以通过访问集中的数据库进行访问。

在日常的架构设计中，建议根据数据物理集中和数据逻辑集中的优势决定。在项目的实施初期，建议采用数据的逻辑集中，它可以快速实现数据的统一访问和数据共享。对访问量大、实时性要求不高的数据，建议采用数据的物理集中，它可以有效提高数据的访问效率。

12.3.3 数据联邦模式

数据联邦模式是数据集成设计的3种常用模式之一，它使不同环境下的应用系统共同访问一个全局虚拟数据库，并通过全局虚拟数据库管理系统将分布在不同物理数据库中的数据抽象成一个统一的数据视图，以实现为不同的环境下的应用系统提供全局信息服务，实现数据源之间的信息共享和数据交换。

（1）数据联邦模式的优缺点。

①优点：数据依旧保留在原存储位置，不需要重新构建一个集中式数据仓库。

②缺点：查询速度慢，不适合频繁查询，且容易出现资源冲突问题。

（2）数据联邦模式的适用场景。

①对数据安全性要求较高且不允许对数据进行复制和备份的场景下。

②要求对数据实时访问且数据可以是结构化的，也可以是非结构化的场景下。

③在数据经常变换的场景下。

（3）数据联邦模式的不适用场景。
①数据结果集非常大的场景下。
②对性能要求较高的场景下。
③集成场景中包含复杂数据转换的场景下。
（4）基于接口的数据集成模式示意图，如图 12-20 所示。

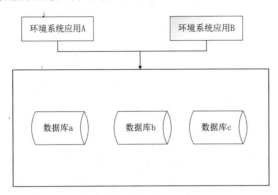

图 12-20　数据联邦模式示意图

12.3.4　数据复制模式

数据复制模式是数据集成设计的 3 种常用模式之一，它通过数据的一致性服务来实现多个数据源的数据一致性。数据复制是指从一个源系统中提取数据并将提取的数据导入到目标系统数据库中，使数据在源系统和目标系统中形成不同的副本，实现数据在不同应用系统之间的数据共享。

（1）数据复制模式的适用场景如下。
①对数据实时性要求不高的场景下。
②数据量不大的场景下。
③对数据的提取速度有一定要求的场景下。
（2）数据复制模式示意图如图 12-21 所示。

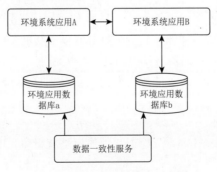

图 12-21　数据复制模式示意图

12.3.5 基于接口的数据集成模式

基于接口的数据集成模式是数据集成设计的 3 种常用模式之一，它通过利用应用适配器提供的应用编程接口实现不同环境下系统间的相互调用，应用适配器通过接口将环境业务信息从其所封装的具体环境应用系统中提取出来，以实现不同环境下应用系统间业务数据的共享和交换。

（1）基于接口的数据集成模式的适用场景：对数据实时性和一致性要求较高的场景下。

（2）基于接口的数据集成模式示意图如图 12-22 所示。

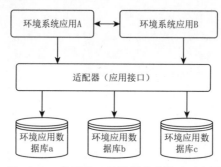

图 12-22　基于接口的数据集成模式示意图

12.4　就业面试技巧与解析

本章主要讲解了 TypeScript 的系统架构分层、系统架构中的编译器和数据集成设计，通过上面的讲解，相信大家都已熟练掌握。这些知识在面试中常以下面的形式体现。

12.4.1　面试技巧与解析（一）

面试官：TypeScript 系统架构中的核心编译器有哪些？它们分别具有什么功能？

应聘者：TypeScript 系统架构中的核心编译器有 5 个，分别为扫描器、语法解析器、类型联合器、类型检查器和代码生成器，它们分别具有以下功能。

（1）扫描器：TypeScript 扫描器的作用为词法分析和生成 Token 流。

（2）语法解析器：TypeScript 语法解析器的作用是根据 TypeScript 的语法，从源文件中生成对应的抽象语法树（AST）。

（3）类型联合器：TypeScript 类型联合器的作用是将同一类型名称的所有声明合并。

（4）类型检查器：TypeScript 类型检查器的作用是解析每种类型的结构和检查语义，并根据检查内容生成合适的检查结果。

（5）代码生成器：TypeScript 代码生成器的作用是通过 AST 输出对应的 JavaScript 代码和声明文件。

12.4.2　面试技巧与解析（二）

面试官：在日常开发中数据集成的常用模式有哪些？它们又分别具有哪些特点？

应聘者：常用的数据集成模式有 3 种，分别为数据联邦模式、数据复制模式和基于接口的数据集成模式，具体特性如下。

（1）数据联邦模式：它使不同环境下的应用系统共同访问一个全局虚拟数据库，并通过全局虚拟数据库管理系统将分布在不同物理数据库中的数据抽象成一个统一的数据视图，以实现为不同的环境下的应用系统提供全局信息服务，实现数据源之间的信息共享和数据交换。

（2）数据复制模式：它通过数据的一致性服务来实现多个数据源的数据一致性。数据复制是指从一个源系统中提取数据并将提取的数据导入到目标系统数据库中，使数据在源系统和目标系统中形成不同的副本，实现数据在不同应用系统之间的数据共享。

（3）基于接口的数据集成模式：它通过利用应用适配器提供的应用编程接口实现不同环境下系统间的相互调用，应用适配器通过接口将环境业务信息从其所封装的具体环境应用系统中提取出来，以实现不同环境下应用系统间业务数据的共享和交换。

第 13 章
记事本系统的开发

  本章概述

通过前面几章的学习，相信大家已经掌握了 TypeScript 语法。本章将通过一个实战项目来带领大家深入了解 TypeScript 项目的构建及 TypeScript 项目功能实现。下面将通过项目开发技术背景、系统功能设计、记事本系统运行、系统数据库设计、系统主要功能的技术实现、系统运行与测试、开发常见问题及功能扩展 7 节来为大家详细讲解。

  知识导读

本章要点（已掌握的在方框中打钩）
- □ 项目开发技术背景。
- □ 系统功能设计。
- □ 记事本系统运行。
- □ 系统数据库设计。
- □ 系统主要功能的技术实现。
- □ 系统运行与测试。

13.1 项目开发技术背景

随着科技的迅速发展，信息时代已然来临。所谓记事本，就是一个用来记载各种事情的小册子，它可以对文字进行记录和存储。在信息时代来临之前，人们常常通过使用随身携带的纸张来记录一些重要的事情。记事本系统的诞生使文字不再拘泥于纸张，可以将文字记录到服务器中，以方便人们随时查看。在开发此系统时所使用的技术有 TypeScript、Vue、CSS、Axios、Vue-router、Node.js 和 LocalStorage 等，具体技术介绍如下。

1. TypeScript

TypeScript 是由 Microsoft 公司在 JavaScript 基础上开发的一门脚本语言，它可以理解为是 JavaScript 的超集。

2. Vue.js

Vue.js 是一套构建用户界面的渐进式框架。与其他重量级框架不同的是，Vue 采用自底向上增量开发的设计。Vue 的核心库只关注视图层，并且非常容易学习，非常容易与其他库或已有项目整合。另一方面，Vue 完全有能力驱动单文件组件和 Vue 生态系统支持的库开发的复杂单页应用。

3. CSS

CSS（Cascading Style Sheets，层叠样式表）是一种用来表现 HTML（标准通用标记语言的一个应用）或 XML（标准通用标记语言的一个子集）等文件样式的计算机语言。CSS 不仅可以静态地修饰网页，还可以配合各种脚本语言动态地对网页各元素进行格式化。CSS 能够对网页中元素位置的排版进行像素级精确控制，支持几乎所有的字体字号样式，拥有对网页对象和模型样式编辑的能力。

4. Axios

Axios 是一个基于 Promise 的网络请求库，作用于 Node.js 和浏览器中。

5. Vue-router

Vue-router 是 Vue.js 下的路由组件，它和 Vue.js 深度集成，适合用于构建单页面应用。

6. Node.js

Node.js 是一个基于 Chrome V8 引擎的 JavaScript 运行环境。它使得 JavaScript 可以用于服务器端编程，从而允许开发者使用同一种语言进行前端和后端的开发。总之，Node.js 是一个功能强大且灵活的工具，适用于各种类型的应用程序开发。

7. LocalStorage

LocalStorage 是一种 Web 存储技术，用于在用户的浏览器中存储键值对数据。它允许跨会话持久化数据，这意味着即使用户关闭浏览器或重启计算机，数据仍然可以保留。

13.2 系统功能设计

本记事本系统是一个通过 TypeScript 语法开发的开源系统，其主要功能有以下 7 个：笔记新增、笔记修改、笔记删除、笔记数量、笔记详情、笔记分类和笔记列表。下面将通过系统功能结构、系统运行流程和系统开发环境来讲解此系统的功能设计。

13.2.1 系统功能结构

系统功能结构图就是根据系统不同功能之间的关系绘制的图表。记事本系统功能结构图如图 13-1 所示。

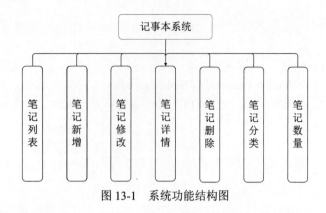

图 13-1　系统功能结构图

13.2.2　系统运行流程

系统运行流程图是一种用来概括地描绘系统物理模型的图示，它通常用来描述要开发的系统各部件间的流动情况。记事本系统运行流程图如图 13-2 所示。

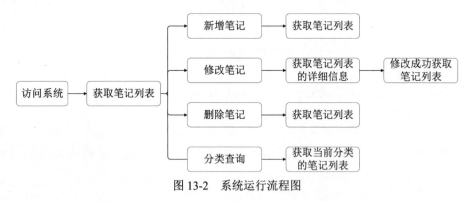

图 13-2　系统运行流程图

13.2.3　系统开发环境

在使用 TypeScript 语言开发之前，首先需要安装好 TypeScript 的开发工具和编译环境，具体信息如下。

（1）开发环境：Node.js+LocalStorage。
（2）开发工具：Visual Studio Code+IE 浏览器。
（3）开发语言：TypeScript+Vue+CSS。
（4）操作系统：Windows 10。

13.3 记事本系统运行

在进行记事本系统开发前,首先要学会如何在本地运行本系统和查看本系统的文件结构,以加深对本程序功能的理解。

13.3.1 系统文件结构

下载记事本系统源文件 chapter-13\notepad 文件,然后使用 Visual Studio Code 将其打开,具体目录结构如图 13-3 所示。

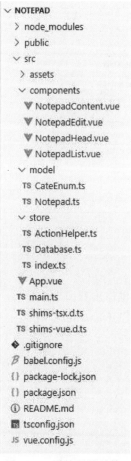

图 13-3　系统目录结构

文件目录解析如表 13-1 所示。

表 13-1 文件目录解析

文 件 名	说 明
node_modules	通过 npm install 下载安装的项目依赖包
public	存放静态资源公共资源(不会被压缩合并)
src	项目开发主要文件夹
assets	存放静态文件(图片等)
components	存放Vue页面
NotepadContent.vue	记事本详情
NotepadEdit.vue	记事本新增/修改
NotepadHead.vue	记事本头部
NotepadList.vue	记事本列表
model	数据类型
CateEnum.ts	下拉框数据类型
Notepad.ts	记事本数据类型
ActionHelper.ts	操作数据的方法实现
Database.ts	操作数据的方法
App.vue	根组件
main.js	入口文件
package.json	项目配置和包管理文件

13.3.2 运行系统

在本地运行记事本系统,具体操作步骤如下。

(1)使用 Visual Studio Code 打开 chapter-13\notepad 文件夹,然后在终端中输入指令 npm install 来安装依赖 npm run serve,运行项目,如图 13-4 所示。

图 13-4 运行项目

(2)在浏览器中访问网址 http://localhost:8080/,项目的最终实现效果如图 13-5 所示。

图 13-5　记事本系统界面

13.4　系统数据库设计

由于本系统为前端项目，因此数据库使用的为 LocalStorage 前端数据库。前端 localStorage 是一个用于在用户浏览器中存储数据的机制，它提供了一种方便的方式来保存用户数据，以便在页面刷新或重新打开时能够恢复这些数据。localStorage 是 HTML5 中引入的一种 Web 存储技术，允许网页在客户端（即用户的浏览器）存储键值对数据。与 cookie 相比，localStorage 提供了更大的存储空间（一般为 5MB），并且数据不会随浏览器会话的结束而消失，除非被显式删除。在使用 LocalStorage 时需要注意以下几点。

（1）LocalStorage 中存储的数据不能大于 5MB。
（2）LocalStorage 只能存储字符串类型的数据。
（3）LocalStorage 存储数据时，是以键值对的形式存储的，因此也可以通过键来访问对应的值。

如何操作系统数据库？

LocalStorage 是一种本地存储的数据库，将数据存入 LocalStorage 后是永不删除的，除非手动删除。操作 LocalStorage 数据库的常用方法如表 13-2 所示。

表 13-2　操作 LocalStorage 数据库的常用方法

方法名称	说　　明
getItem	获取记录
setIten	设置记录
removeItem	移除记录
key	取 key 所对应的值
clear	清除记录

例 13-1 LocalStorage 数据的操作方法

```typescript
//localStorage 数据操作
class Database {
  dataKey: string;
  primaryKey: string;
  // 构造函数
  constructor(dataKey: string, primaryKey: string) {
    this.dataKey = dataKey;
    this.primaryKey = primaryKey;
  }
  // 读取全部数据
  readData(): any {
    // 获取本地数据
    let strData: string | null = localStorage.getItem(this.dataKey);
    // 将JSON 字符串转换成数组对象
    let arrData: any = [];
    if (strData != null) {
      arrData = JSON.parse(strData);
    }
    return arrData;
  }
  // 添加数据
  saveData(arrData: Array<Object>): void {
    // 将数组转换为 JSON 字符串
    let str: string = JSON.stringify(arrData);
    // 将字符串保存到 localStorage 中
    localStorage.setItem(this.dataKey, str);
  }
  // 新增方法
  addData(newDataObj: any): number {
    let dataArray = this.readData();
    // 判断数据是否为空
    if (dataArray == null) {
      dataArray = [];
    }
    // 生成 id
    let newId = dataArray.length > 0 ? dataArray[dataArray.length - 1][this.primaryKey] + 1 : 1;
    newDataObj[this.primaryKey] = newId;
    // 添加到数组中
    dataArray.push(newDataObj);
    // 调用添加数据的方法
    this.saveData(dataArray);
    return newId;
  }
  // 删除方法
  removeDataById(id: string | number): boolean {
```

```
    // 读取本地数组
    let arr = this.readData();
    // 查找需要删除的数据
    let index = arr.findIndex((ele: any) => {
      return ele[this.primaryKey] == id;
    });
    if (index > -1) {
      arr.splice(index, 1);
      // 调用添加数据的方法
      this.saveData(arr);
      return true;
    }
    return false;
  }
}
export default Database;
```

13.5 系统主要功能的技术实现

本节旨在阐释记事本系统功能的实现路径，引领大家以 TypeScript 语言进行简易项目开发，通过理论与实践并重的方式来带领大家完成记事本系统的开发。

13.5.1 操作数据的方法实现

记事本系统中数据的操作方法有以下 4 种：查询方法、新增方法、修改方法和删除方法。接下来将详细介绍这 4 种方法的具体实现代码：

ActionHelper.ts：数据操作。

例 13-2　操作数据的方法实现

```
import Database from './Database'
import Notepad from '../model/Notepad'
import Category from '@/model/CateEnum';
class ActionHelper {
  // 接收数据
  database: Database = new Database('memoData', 'id');
  // 用于存储数据
  memoList!: Array<Notepad>;
  // 构造函数
  constructor() {
    // 获取本地数据，赋值给 memoList
    this.memoList = this.readData();
  }
```

```typescript
    // 获取本地数据
    readData(): Array<Notepad> {
      let arrObj = this.database.readData();
      let arrItem = arrObj.map((ele: any) => {
        let item: Notepad = new Notepad();
        item.id = ele.id;
        item.categoryId = ele.categoryId;
        item.title = ele.title;
        item.content = ele.content;
        item.createTime = ele.createTime;
        return item;
      });
      return arrItem;
    }
    // 记事本类型
    getCategoryName(cateId: Category): string {
      const arrName = ['工作', '生活', '学习']
      return arrName[cateId]
    }
    arrName1 = [{
      value: -1,
      label: '全部'
    },
    {
      value: 0,
      label: '工作'
    },{
      value: 1,
      label: '生活'
    },{
      value: 2,
      label: '学习'
    }]
    // 新增
    add(item: Notepad): number {
      item.id = this.database.addData(item);
      this.memoList.push(item);
      // 将数据保存到localstorage
      this.database.saveData(this.memoList);
      return item.id;
    }
    // 修改
    edit(item: Notepad): void {
      let editItem: Notepad | undefined = this.memoList.find(ele => {
        return ele.id == item.id
      });
      if (editItem) {
        editItem.categoryId = item.categoryId;
```

```
      editItem.title = item.title;
      editItem.content = item.content;
      // 将数据保存到 localstorage
      this.database.saveData(this.memoList);
    }
  }
// 删除
  remove(id: number): void {
    let index: number = this.memoList.findIndex(ele => {
      return ele.id === id;
    })
    if (index > -1) {
      this.memoList.splice(index, 1);
      // 将数据保存到 localstorage
      this.database.saveData(this.memoList);
    }
  }
}
export default ActionHelper
```

说明：在 TypeScript 中，构造函数是用于创建和初始化类实例的特殊方法。构造函数的名称必须与类名相同，并且不能有返回类型。

13.5.2 记事本列表功能的实现

进入系统后默认进入系统首页，并查询本地数据库中的所有笔记数据，具体实现代码如下。

NotepadList.vue：记事本列表。

例 13-3 记事本列表功能的实现代码

```
<!-- 记事本列表 -->
<template>
  <dev>
    <el-row>
      <el-col :span="2" v-html="'\u00a0'"/>
      <el-col :span="20">
        <!-- 单个记事本 -->
        <NotepadContent v-for="item in noteList()" :key="item.id" :memo="item" />
      </el-col>
      <el-col :span="2" v-html="'\u00a0'"/>
    </el-row>
  </dev>
</template>
<script lang="ts">
import { Component, Vue } from "vue-property-decorator";
import Notepad from "../model/Notepad"
```

```
import NotepadContent from "./NotepadContent.vue";
@Component({
  components: {
    NotepadContent
  }
})
export default class NotepadList extends Vue {
  memoArr: Array<Notepad> = this.$store.state.aHelper.memoList;
    // 获取记事本
    noteList() {
    if (this.$store.state.filterCateId == -1) {
      return this.memoArr;
    } else {
      return this.memoArr.filter((item: any) => {
        return item.categoryId == this.$store.state.filterCateId;
      });
    }
  }
}
</script>
```

13.5.3 记事本头部功能的实现

记事本系统的头部主要有 3 个功能,分别为记事本的新增、记事本的分类查询和记事本的分类数量查询。具体实现如下。

(1) 新增:通过单击"新增"按钮来实现数据的新增。单击"新增"按钮后将会打开记事本的新增框。

(2) 分类查询:从下拉框中选择记事本分类,选中后根据的记事本分类查询笔记。

(3) 分类数量查询:查询不同分类记事本的数量。

NotepadHead.vue:记事本头部。

例 13-4 记事本头部功能的实现代码

```
<template>
  <!-- 头部 -->
  <dev>
    <el-row>
      <el-col :span="4" v-html="'\u00a0'" />
      <el-col :span="12">
        <dev>
          <img height="50" src="../assets/logo.png" />
        </dev>
        <dev style="margin-left: 30px;">
          <el-button type="primary" size="small" @click="showAdd">新增</el-button>
        </dev>
      </el-col>
```

```html
      <el-col :span="8">
        记事本类别:
        <el-select placeholder=" 请选择 " v-model="$store.state.aHelper.arrName1">
          <el-option v-for="item in [{
            value: -1,
            label: '全部'
          },
          {
            value: 0,
            label: '工作'
          }, {
            value: 1,
            label: '生活'
          }, {
            value: 2,
            label: '学习'
          }]" :key="item.value" :label="`${item.label} (${quantity(item.value)}条)`" :value="item.value" @click.native="categoryById(item.value)">
          </el-option>
        </el-select>
      </el-col>
    </el-row>
  </dev>
</template>
<script lang="ts">
import { Component, Vue } from "vue-property-decorator";
import Notepad from "../model/Notepad"
@Component
export default class NotepadHead extends Vue {
  memo: Notepad = new Notepad();
// "新增"按钮
  showAdd() {
    let newMemo = JSON.parse(JSON.stringify(this.memo));
    newMemo.categoryId = "0"
    this.$store.commit("showEditMemo", newMemo);
  }
// 获取各个类型记事本的数量
  quantity(cid: number): number {
    if (cid == -1) {
      return this.$store.state.aHelper.memoList.length;
    } else {
      return this.$store.state.aHelper.memoList.filter((ele: any) => {
        return ele.categoryId == cid;
      }).length;
    }
  }
// 根据记事本的类型查询
```

```
    categoryById(cid: number): void {
      this.$store.state.filterCateId = cid;
    }
  }
</script>
```

13.5.4 记事本详情功能的实现

记事本的详情页面主要用于展示单个记事本的内容,如记事本的标题、内容、创建时间等。记事本的详情页面中还包含两个主要按钮:一个"修改"按钮和一个"删除"按钮,当单击"修改"按钮时,将会弹出记事本的编辑框。当单击"删除"按钮时,将会弹出是否确认删除的提示框,若单击"确认删除"按钮,将会永久删除此记事本;若单击"取消"按钮,将会取消删除。具体实现代码如下。

NotepadContent.vue:记事本详情。

例 13-5　记事本详情功能的实现代码

```
<!-- 记事本详情 -->
<template>
  <div class="memo-container">
    <el-card class="memo" shadow="hover">
      <div slot="header" class="header">
        <dev>
          <span style="font-size: 20px;font-weight: 400;">{{ memo.title }}</span>
        </dev>
        <div style="float: right;margin-top: -10px;">
          <el-row>
            <el-button type="primary" icon="el-icon-edit" circle @click="showEdit"></el-button>
            <el-button type="danger" icon="el-icon-delete" circle @click="doDel"></el-button>
          </el-row>
        </div>
      </div>
      <div class="content">
        <div class="text">{{ memo.content }}</div>
        <div class="footer">
          <span class="cate">
            {{ $store.state.aHelper.getCategoryName(memo.categoryId) }}
          </span>
          <span class="creTime">
            {{ memo.createTime }}
          </span>
        </div>
      </div>
    </el-card>
```

```ts
    </div>
</template>
<script lang="ts">
import { Component, Prop, Vue } from "vue-property-decorator";
import Notepad from "../model/Notepad"
@Component
export default class NotepadContent extends Vue {
  // 接收父组件传递的数据
  @Prop() memo!: Notepad;
  // 删除方法
  doDel(): void {
    this.$confirm('此操作将永久删除此记事本 ', {
      confirmButtonText: '确定 ',
      cancelButtonText: '取消 ',
      type: 'warning'
    }).then(() => {
      this.$message({
        type: 'success',
        message: '删除成功！'
      });
      this.$store.state.aHelper.remove(this.memo.id);
    }).catch(() => {
      this.$message({
        type: 'info',
        message: '已取消删除 '
      });
    });
  }
  // 修改
  showEdit(): void {
    let newMemo = JSON.parse(JSON.stringify(this.memo));
    console.log(newMemo)
    this.$store.commit("showEditMemo", newMemo);
  }
}
</script>
<style>
.text {
  font-size: 14px;
}
.item {
  margin-bottom: 18px;
}
.clearfix:before,
.clearfix:after {
  display: table;
  content: "";
}
```

```
.clearfix:after {
  clear: both
}
.box-card {
  width: 480px;
}
</style>
```

13.5.5 记事本编辑功能的实现

当用户单击"新增"或"修改"按钮时将会打开记事本的编辑框,用户通过在编辑框中输入数据来实现记事本的新增和修改,输入完成后单击"确定"按钮,完成记事本的新增和修改(根据数据的 ID 来判断调用的方法)。具体实现代码如下。

NotepadEdit.vue:记事本编辑。

例 13-6 记事本编辑功能的实现代码

```
<!-- 记事本新增/修改 -->
<template>
  <dev>
    <el-dialog title=" 详情 " :visible.sync="$store.state.isShow" width="30%">
      <el-form :model="memo" label-width="80px">
        <el-form-item label=" 标题 ">
          <el-input v-model="memo.title"></el-input>
        </el-form-item>
        <el-form-item label=" 类型 ">
          <el-select v-model="memo.categoryId" placeholder=" 请选择类型 " style="width: 100%;">
            <el-option label=" 工作 " value="0"></el-option>
            <el-option label=" 生活 " value="1"></el-option>
            <el-option label=" 学习 " value="2"></el-option>
          </el-select>
        </el-form-item>
        <el-form-item label=" 内容 ">
          <el-input v-model="memo.content" type="textarea" rows="10"></el-input>
        </el-form-item>
        <RichText ref="tinymce" />
      </el-form>
      <span slot="footer" class="dialog-footer">
        <el-button @click="closeWin">取 消</el-button>
        <el-button type="primary" @click="saveNew">确 定</el-button>
      </span>
    </el-dialog>
  </dev>
</template>
<script lang="ts">
import { Component, Vue } from "vue-property-decorator";
```

```
import Notepad from "../model/Notepad"
@Component
export default class NotepadEdit extends Vue {
  memo: Notepad = new Notepad();
  // 钩子函数，获取需要修改数据的值
  created(): void {
    this.memo = this.$store.state.transMemo;
  }
  // 取消新增
  closeWin() {
    this.$store.state.isShow = false;
  }
  // 确认方法
  saveNew() {
    // 校验数据是否为空
    if (
      this.memo &&
      this.memo.categoryId > -1 &&
      this.memo.title.trim().length > 0 &&
      this.memo.content.trim().length > 0
    ) {
      if (this.memo.id <= -1) {
        // 新增
        this.$store.state.aHelper.add(this.memo);
      } else {
        // 修改
        this.$store.state.aHelper.edit(this.memo);
      }
      this.$store.state.isShow = false;
    } else {
      this.$message({
        message: '输入信息不能为空',
        type: 'error'
      })
    }
  }
}
</script>
```

13.6 系统运行与测试

一个系统在开发完成后打包发布之前，必须先将系统在本地进行运行和测试。想要测试一个系统，首先需要先运行这个系统。系统的测试是软件发布的最后一个关口，通过测试可以及时发现系统中的错误和潜在缺陷，可以有效保证系统的质量。具体的运行测试流程如下。

1. 运行流程

（1）使用 Visual Studio Code 打开项目，然后通过在终端中输入指令 npm install 来安装依赖。

（2）依赖安装完成后在终端中输入指令 npm run serve，运行项目。

（3）在浏览器中输入地址 http://localhost:8080，打开页面，如图 13-6 所示。

图 13-6　运行结果

2. 测试流程

（1）新增功能测试。单击"新增"按钮，查看新增框是否可以正常弹出。单击"确认"按钮，查看信息是否新增成功，如图 13-7 所示。

图 13-7　新增功能测试

（2）修改功能测试。单击"修改"按钮，查看修改框是否可以正常弹出。单击"确认"按钮，查看信息是否可以修改成功，如图 13-8 所示。

（3）删除功能测试。单击"删除"按钮，查看删除提示框是否可以正常弹出。单击"确认"按钮，查看是否可以正常删除数据，单击"取消"按钮，查看是否可以正常取消删除，如图 13-9 所示。

图 13-8　修改功能测试

图 13-9　删除功能测试

（4）分类查询功能测试。通过下拉框选择记事本类别，查看是否可以正常查询到当前类别的所有数据，如图 13-10 所示。

图 13-10　分类查询功能测试

（5）分类数量功能测试。单击下拉框查看不同类别的数据数量显示是否正确，如图 13-11 所示。

图 13-11　分类数量功能测试

13.7　开发常见问题及功能扩展

在日常的开发过程遇到一些问题和报错，是一种很正常的现象。遇到问题时首先需要确认报错的信息是什么和引起报错的原因是什么，只有在知道报错信息和报错原因后才能更高效地解决报错问题。下面将列举在开发此项目时所遇到的问题。

（1）在单击"新增"按钮弹出新增框时，默认回显的记事本类型的值为数值。

原因：默认的记事本类型值的类型为 number。

解决办法：将记事本类型值的类型修改为 string。

（2）记事本的类型值无法修改，且在未赋值时会默认赋值。

原因：枚举成员在声明赋值后无法修改，且当枚举成员未赋初始值时会默认从零开始递增。

解决办法：在声明枚举成员时，赋予正确的值。

一个系统的开发往往需要好几个阶段，本系统目前只是做了一些对数据简单的增、删、改、查操作，还有很多可以优化的地方，例如：

（1）将数据存储在 MySQL 或 Oracle 数据库中，以解决数据的存储过小问题。

（2）添加一个登录验证功能，以防止信息泄露。

（3）添加消息提醒功能，以提高记事本的实用性。

第 14 章

贪吃蛇小游戏的开发

 本章概述

本章将通过一个贪吃蛇小游戏的开发来带领大家继续深入了解 TypeScript 项目的构建，以及 TypeScript 项目的功能实现。下面将通过项目开发技术背景、系统功能设计、贪吃蛇小游戏开发、系统功能技术实现、系统运行与测试、开发常见问题及功能扩展 6 节来为大家详细讲解。

 知识导读

本章要点（已掌握的在方框中打钩）
- □ 项目开发技术背景。
- □ 系统功能设计。
- □ 贪吃蛇小游戏开发。
- □ 系统功能技术实现。
- □ 系统运行与测试。
- □ 开发常见问题及功能扩展。

14.1 项目开发技术背景

游戏开发至今已经有 30 多年了，随着硬件水平的提高，游戏开发的新技术也层出不穷，好玩的游戏也比比皆是。贪吃蛇是一个操作简单且娱乐性极强的经典游戏，本章将通过模仿贪吃蛇游戏，来开发一个新的网页版的贪吃蛇小游戏。此系统所使用的主要技术有 TypeScript、Vue 3、CSS、Axios、Vue-router 和 Node.js 等，具体技术介绍如下。

1. TypeScript

TypeScript 是由 Microsoft 公司在 JavaScript 基础上开发的一门脚本语言，它可以理解为是 JavaScript 的超集。

2. Vue3.js

Vue.js 是一套构建用户界面的渐进式框架。与其他重量级框架不同的是，Vue 采用自底向上增量开发的设计。Vue 的核心库只关注视图层，并且非常容易学习，非常容易与其他库或已有项目整合。另一方面，Vue 完全有能力驱动单文件组件和 Vue 生态系统支持的库开发的复杂单页应用。

3. CSS

CSS（Cascading Style Sheets，层叠样式表）是一种用来表现 HTML（标准通用标记语言的一个应用）或 XML（标准通用标记语言的一个子集）等文件样式的计算机语言。CSS 不仅可以静态地修饰网页，还可以配合各种脚本语言动态地对网页各元素进行格式化。CSS 能够对网页中元素位置的排版进行像素级精确控制，支持几乎所有的字体、字号样式，拥有对网页对象和模型样式编辑的能力。

4. Axios

Axios 是一个基于 Promise 的网络请求库，作用于 Node.js 和浏览器中。

5. Vue-router

Vue-router 是 Vue.js 下的路由组件，它和 Vue.js 深度集成，适合用于构建单页面应用。

6. Node.js

Node.js 是一个基于 Chrome V8 引擎的 JavaScript 运行环境。它使得 JavaScript 可以用于服务器端编程，从而允许开发者使用同一种语言进行前端和后端的开发。总之，Node.js 是一个功能强大且灵活的工具，适用于各种类型的应用程序开发。

14.2 系统功能设计

贪吃蛇小游戏是一个通过 TypeScript 语法开发的开源系统，其主要功能有 4 个，分别为游戏开始、游戏暂停、游戏结束和重新开始。下面将通过系统功能结构、系统运行流程和系统开发环境 3 节来为大家讲解此贪吃蛇小游戏的功能设计。

14.2.1 系统功能结构

系统功能结构图就是根据系统不同功能之间的关系绘制的图标，此贪吃蛇小游戏功能结构图如图 14-1 所示。

第 14 章 贪吃蛇小游戏的开发

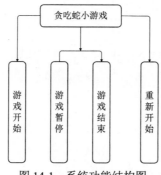

图 14-1　系统功能结构图

14.2.2　系统运行流程

系统运行流程图是一种用来概括地描绘系统物理模型的图示，通常用来描述要开发的系统各部件之间的流动情况。贪吃蛇小游戏系统运行流程图如图 14-2 所示。

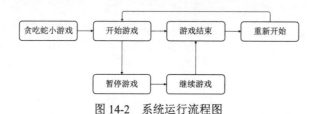

图 14-2　系统运行流程图

14.2.3　系统开发环境

系统开发环境如下。
（1）开发工具：Visual Studio Code+IE 浏览器。
（2）开发语言：TypeScript+Vue+CSS。
（3）操作系统：Windows 10。

14.3　贪吃蛇小游戏开发

在进行贪吃蛇小游戏开发前，大家首先要学会如何在本地运行本系统和查看本系统的文件结构，以加深对本程序功能的理解。

14.3.1 系统文件结构

下载贪吃蛇小游戏源文件 chapter-14/snake,然后使用 Visual Studio Code 打开,具体目录结构如图 14-3 所示。

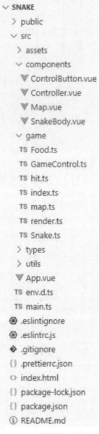

图 14-3 系统目录结构

文件目录解析如表 14-1 所示。

表 14-1 文件目录解析

文件名	说明
node_modules	通过npm install下载安装的项目依赖包
public	存放静态资源公共资源(不会被压缩合并)
src	项目开发主要文件夹
assets	存放静态文件(图片等)
components	存放Vue页面

续表

文件名	说明
ControlButton.vue	控制按钮页
Controller.vue	开始结束页面
Map.vue	游戏背景页
SnakeBody.vue	贪吃蛇蛇身页
game	实现类
Food.ts	食物类
GameControl.ts	控制类
hit.ts	吃食物操作
index.ts	实现类
map.ts	地图类
render.ts	视图类
Snake.ts	蛇类
utils	工具类
App.vue	根组件
main.ts	入口文件
package.json	项目配置和包管理文件

14.3.2 运行系统

在本地运行贪吃蛇小游戏，具体操作步骤如下。

（1）使用 Visual Studio Code 打开 chapter-14/snake 文件夹，然后在终端中输入指令 npm install，安装依赖 npm run dev 运行项目，如图 14-4 所示。

图 14-4　运行项目

（2）在浏览器中访问网址 http://localhost:3000/，项目的最终实现效果如图 14-5 所示。

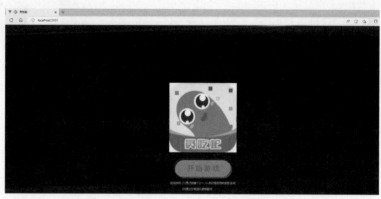

图 14-5　贪吃蛇小游戏首页

14.4　系统功能技术实现

下面将通过地图加载功能的实现、蛇运动功能的实现和蛇吃食物功能的实现 3 节，来为大家讲解贪吃蛇小游戏功能技术的实现。

14.4.1　地图加载功能的实现

地图加载功能，根据浏览器的宽高获取地图的行数和列数，具体实现代码如下。
src/game/map.ts：地图类。
例 14-1　地图加载功能实现的代码

```
// 地图类
import type { Map } from '../types/index';
const clientWidth = document.documentElement.clientWidth - 20;
const clientHeight = document.documentElement.clientHeight - 40;
// 地图的行数
export const lineNum = clientWidth > 700 ? Math.floor(clientHeight / 54) : Math.floor(clientHeight / 34);
// 地图的列数
export const columnNum = clientWidth > 700 ? Math.floor(clientWidth / 54) : Math.floor(clientWidth / 34);
// 初始化地图
export function initMap(map: Map) {
  for (let i = 0; i < lineNum; i++) {
    const arr: Array<number> = [];
    for (let j = 0; j < columnNum; j++) {
      arr.push(0);
    }
```

```
    map.push(arr);
  }
  return map;
}
```

src/components/Map.vue:游戏背景页。

例 14-2　地图页面展示代码

```
<!-- 游戏背景 -->
<template>
  <div class="game-box">
    <!-- 行 -->
    <div class="row"
        v-for='row in lineNum'
        :key='row'>
      <!-- 列 -->
      <div class="col"
          v-for='col in columnNum'
          :key='col'>
        <!-- 小格子 -->
        <SnakeBody :type='map[row-1][col-1]'></SnakeBody>
      </div>
    </div>
  </div>
</template>
<script setup lang="ts">
import SnakeBody from './SnakeBody.vue';
import { lineNum, columnNum } from '@/game/map';
import { defineProps } from 'vue';
defineProps(['map']);
</script>
<style lang='scss'>
.game-box {
  background: #000;
  opacity: 0.85;
  border: 1px solid #fff;
  .row {
    display: flex;
  }
}
</style>
```

14.4.2　蛇运动功能的实现

蛇运动功能，通过键盘控制蛇的运行方向，具体实现代码如下。
src/components/SnakeBody.vue：蛇身页。

例 14-3 蛇样式的实现代码

```vue
<!-- 贪吃蛇的蛇身 -->
<template>
  <div class='snakeBody-box'
      :class='classes'>
  </div>
</template>
<script lang='ts' setup>
import { computed, defineProps } from 'vue';
const props = defineProps(['type']);
// 蛇的颜色
const classes = computed(() => {
  return {
    head: props.type === 2,
    body: props.type === 1,
    food: props.type === -1,
  };
});
</script>
<style lang='scss'>
.snakeBody-box {
  width: 50px;
  height: 50px;
  @media screen and (max-width: 750px) {
    width: 30px;
    height: 30px;
  }
  border-radius: 8px;
  margin: 2px;
}
.head {
  border-radius: 50%;
  // background: url('../assets/snakeHead.jpg');
  background: radial-gradient(circle at 100px 100px, #f50606);
  box-shadow: 0 0 10px #1e88e5, 0 0 20px #1e88e5, 0 0 40px #1e88e5;
}
.body {
  background: black;
  box-shadow: 0 0 5px #76ff03, 0 0 5px #76ff03, 0 0 10px #76ff03;
}
.food {
  background: #f90000;
  border-radius: 50%;
  animation-name: shineFood;
  animation-duration: 1s;
  animation-iteration-count: infinite;
}
```

```
@keyframes shineFood {
  0% {
    box-shadow: 0 0 5px #f90000, 0 0 5px #f90000, 0 0 5px #f90000;
  }
  50% {
    box-shadow: 0 0 10px #f90000, 0 0 20px #f90000, 0 0 20px #f90000;
  }
  100% {
    box-shadow: 0 0 5px #f90000, 0 0 5px #f90000, 0 0 5px #f90000;
  }
}
</style>
```

说明：@keyframes 是 CSS 中用于定义动画的关键字，广泛应用于各种需要动画效果的场景，如按钮单击、页面切换、元素显示隐藏等。它为 Web 页面添加了更多的动态性和交互性。总的来说，@keyframes 是 CSS 中一个非常强大的工具，能够帮助开发者创建出丰富多样的动画效果。

src/game/Snake.ts：蛇类。

例 14-4　蛇运动功能的实现代码

```
// 蛇类
import { SnakeBodies, SnakeHead } from '@/types';
import { Food } from './Food';
import { hitFence, hitSelf } from './hit';
export class Snake {
  // 身体
  bodies: SnakeBodies;
  // 头部
  head: SnakeHead;
  // 移动方向
  direction: string;
  constructor() {
    this.direction = 'Right';
    this.head = {
      x: 1,
      y: 0,
      status: 2,
    };
    this.bodies = [
      {
        x: 0,
        y: 0,
        status: 1,
      },
    ];
  }
  // 判断蛇是否吃到食物
```

```
checkEat(food: Food) {
  // 吃到食物，刷新食物并加长蛇的身体
  if (this.head.x === food.x && this.head.y === food.y) {
    food.change(this);
    this.bodies.unshift({
      x: food.x,
      y: food.y,
      status: 1,
    });
  }
}
// 控制蛇移动
move(food: Food) {
  // 判断是否游戏结束
  if (hitFence(this.head, this.direction) || hitSelf(this.head, this.bodies)) {
    throw new Error(' 游戏结束 ');
  }
  const headX = this.head.x;
  const headY = this.head.y;
  const bodyX = this.bodies[this.bodies.length - 1].x;
  const bodyY = this.bodies[this.bodies.length - 1].y;
  switch (this.direction) {
    case 'ArrowUp':
    case 'Up':
      // 向上移动
      if (headY - 1 === bodyY && headX === bodyX) {
        moveDown(this.head, this.bodies);
        this.direction = 'Down';
        return;
      }
      moveUp(this.head, this.bodies);
      break;
    case 'ArrowDown':
    case 'Down':
      // 向下移动
      if (headY + 1 === bodyY && headX === bodyX) {
        moveUp(this.head, this.bodies);
        this.direction = 'Up';
        return;
      }
      moveDown(this.head, this.bodies);
      break;
    case 'ArrowLeft':
    case 'Left':
      // 向左移动
      if (headY === bodyY && headX - 1 === bodyX) {
        moveRight(this.head, this.bodies);
        this.direction = 'Right';
```

```
          return;
        }
        moveLeft(this.head, this.bodies);
        break;
      case 'ArrowRight':
      case 'Right':
        // 向右移动
        if (headY === bodyY && headX + 1 === bodyX) {
          moveLeft(this.head, this.bodies);
          this.direction = 'Left';
          return;
        }
        moveRight(this.head, this.bodies);
        break;
      default:
        break;
    }
    // 检查蛇是否吃到食物
    this.checkEat(food);
  }
  // 移动端修改移动方向
  changeMoveDirection(clickX, clickY) {
    if (clickY < this.head.x && this.direction !== 'Left' && this.direction !== 'Right') {
      this.direction = 'Left';
      return;
    }
    if (clickY > this.head.x && this.direction !== 'Left' && this.direction !== 'Right') {
      this.direction = 'Right';
      return;
    }
    if (clickX < this.head.y && this.direction !== 'Up' && this.direction !== 'Down') {
      this.direction = 'Up';
      return;
    }
    if (clickX > this.head.y && this.direction !== 'Up' && this.direction !== 'Down') {
      this.direction = 'Down';
      return;
    }
  }
  changeDirection(direction: string) {
    if (direction === 'Left' && this.direction !== 'Left' && this.direction !== 'Right') {
      this.direction = 'Left';
      return;
```

```typescript
      }
      if (direction === 'Right' && this.direction !== 'Left' && this.direction !== 'Right') {
        this.direction = 'Right';
        return;
      }
      if (direction === 'Up' && this.direction !== 'Up' && this.direction !== 'Down') {
        this.direction = 'Up';
        return;
      }
      if (direction === 'Down' && this.direction !== 'Up' && this.direction !== 'Down') {
        this.direction = 'Down';
        return;
      }
    }
  }
  // 向上移动
  function moveUp(head: SnakeHead, bodies: SnakeBodies) {
    head.y--;
    bodies.push({
      x: head.x,
      y: head.y + 1,
      status: 1,
    });
    bodies.shift();
  }
  // 向下移动
  function moveDown(head: SnakeHead, bodies: SnakeBodies) {
    head.y++;
    bodies.push({
      x: head.x,
      y: head.y - 1,
      status: 1,
    });
    bodies.shift();
  }
  // 向右移动
  function moveRight(head: SnakeHead, bodies: SnakeBodies) {
    head.x++;
    bodies.push({
      x: head.x - 1,
      y: head.y,
      status: 1,
    });
    bodies.shift();
  }
```

```
// 向左移动
function moveLeft(head: SnakeHead, bodies: SnakeBodies) {
  head.x--;
  bodies.push({
    x: head.x + 1,
    y: head.y,
    status: 1,
  });
  bodies.shift();
}
```

说明：switch 语句用于基于一个变量的值来执行不同的代码块。case 是 switch 语句中的一个分支，每个 case 对应一个可能的值。当 switch 表达式的值与某个 case 匹配时，就会执行相应的代码块。break 语句用于终止当前 case 的执行，防止执行流落入下一个 case（如果没有 break，程序会继续执行下一个 case 的代码，这被称为 fall-through 行为）。

14.4.3 蛇吃食物功能的实现

蛇吃食物功能，食物在地图内随机生成，且生成食物的位置不能在蛇头和蛇身的位置。蛇在运动中判断蛇头是否触碰到了食物，当蛇头触碰到食物时，蛇身长度加 1，并重新生成食物，具体实现代码如下。

src/game/Food.ts：食物类。

例 14-5　食物类的实现代码

```
// 食物类
import { randomIntegerInRange } from '@/utils';
import { columnNum, lineNum } from './map';
import { Snake } from './Snake';
export class Food {
  // 食物的坐标
  x: number;
  y: number;
  status = -1;
  constructor() {
    this.x = randomIntegerInRange(0, columnNum - 1);
    this.y = randomIntegerInRange(0, lineNum - 1);
  }
  // 修改食物的位置
  change(snake: Snake) {
    // 生成一个随机的位置
    const newX = randomIntegerInRange(0, columnNum - 1);
    const newY = randomIntegerInRange(0, lineNum - 1);
    // 获取蛇头的坐标
    const x = snake.head.x;
    const y = snake.head.y;
```

```
    // 获取身体
    const bodies = snake.bodies;
    // 食物不可以和头部或身体重合
    const isRepeatBody = bodies.some((body) => {
      return body.x === newX && body.y === newY;
    });
    const isRepeatHead = newX === x && newY === y;
    // 判断食物是否和头部或者身体重合
    if (isRepeatBody || isRepeatHead) {
      this.change(snake);
    } else {
      this.x = newX;
      this.y = newY;
    }
  }
}
```

src/game/hit.ts: 吃食物操作。

例 14-6 吃食物的实现代码

```
// 吃食物操作
import { SnakeBodies, SnakeHead } from '@/types';
import { columnNum, lineNum } from './map';
// 蛇头是否超出边界
export function hitFence(head: SnakeHead, direction: string) {
  let isHitFence = false;
  switch (direction) {
    case 'ArrowUp':
    case 'Up':
      // 向上移动
      isHitFence = head.y - 1 < 0;
      break;
    case 'ArrowDown':
    case 'Down':
      // 向下移动
      isHitFence = head.y + 1 > lineNum - 1;
      break;
    case 'ArrowLeft':
    case 'Left':
      // 向左移动
      isHitFence = head.x - 1 < 0;
      break;
    case 'ArrowRight':
    case 'Right':
      // 向右移动
      isHitFence = head.x + 1 > columnNum - 1;
      break;
    default:
      break;
```

```
  }
  return isHitFence;
}
// 蛇头是否触碰到自己
export function hitSelf(head: SnakeHead, bodies: SnakeBodies) {
  // 获取蛇头
  const x = head.x;
  const y = head.y;
  // 获取身体
  const snakeBodies = bodies;
  // 判断蛇头是否触碰到了自己的身体
  const isHitSelf = snakeBodies.some((body) => {
    return body.x === x && body.y === y;
  });
  return isHitSelf;
}
```

14.5 系统运行与测试

系统运行与测试是一个系统在上线运行之前必不可少的两步，本节将讲解贪吃蛇小游戏的运行和测试流程，具体步骤如下。

1. 运行流程

（1）使用 Visual Studio Code 打开项目，然后通过在终端中输入指令 npm install 来安装依赖。

（2）在终端中输入指令 npm run dev，运行项目。

（3）在浏览器中输入地址 http://localhost:3000，打开贪吃蛇小游戏，如图 14-6 所示。

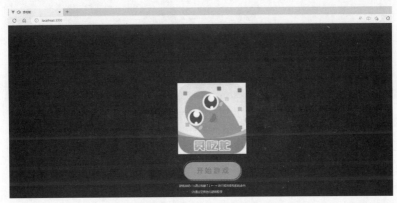

图 14-6　运行结果

2. 测试流程

（1）开始游戏功能测试。测试单击"开始游戏"按钮后是否可以正常开始游戏，结果如图 14-7 所示。

图 14-7　开始游戏功能测试

（2）运行功能测试。测试按↑、↓、←、→方向键是否可以正常操控贪吃蛇的走向，按空格键是否可以暂停游戏，结果如图 14-8 所示。

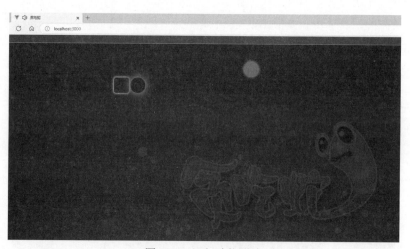

图 14-8　运行功能测试

（3）吃食物功能测试。测试当蛇头触碰到食物时，蛇的长度是否会加 1，并且重新刷新出一个新的食物，结果如图 14-9 所示。

（4）触碰功能测试。测试当蛇头触碰到地图边界或者蛇身时，是否会结束游戏，结果如图 14-10 所示。

（5）重新开始功能测试。测试单击"重新开始"按钮后是否可以重新正常开始游戏，结果如图 14-11 所示。

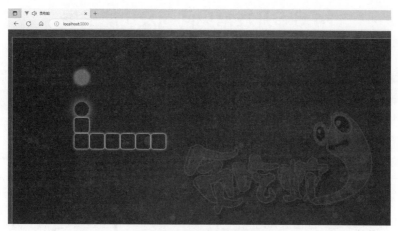

图 14-9　吃食物功能测试

图 14-10　触碰功能测试

图 14-11　重新开始功能测试

14.6 开发常见问题及功能扩展

在一个系统的开发工程中常常会遇到一些报错，这些报错可能是代码编写的错误，也可能是程序逻辑的问题。下面将为大家列举下在开发此项目时所遇到的问题。

（1）随机刷新的食物出现在了贪吃蛇的身体上，导致无法吃到食物。

原因：在随机刷新食物时未对食物的位置进行判断。

解决办法：在刷新食物前获取蛇头和蛇身的位置，当食物和蛇头或者蛇身重合时，重新刷新食物。

（2）蛇头触碰到自己身体时，游戏未结束。

原因：当蛇头触碰到自己身体时未进行判断。

解决办法：获取蛇头和蛇身的坐标，当蛇头触碰到自己身体时，退出游戏。

一个系统的开发往往需要好几个阶段，此小游戏目前只是一个简单的单机小游戏，还有很多可以优化的地方，例如：

（1）添加用户功能，用于记录不同用户的游戏记录。

（2）将游戏升级为网络游戏，使游戏支持多用户同时游戏。

（3）添加计分功能，记录用户每次游戏获得的分数。

第 15 章

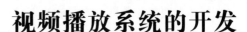

视频播放系统的开发

 本章概述

本章通过仿制哔哩哔哩 App，开发一个视频播放系统。此系统主要有 5 个功能，分别为首页轮播图、视频列表、视频搜索、视频详情和视频播放。下面将通过项目开发技术背景、系统功能设计、视频播放系统运行、系统功能技术实现、系统运行与测试和开发常见问题及功能扩展 6 节来为大家讲解此视频播放系统的开发过程。

 知识导读

本章要点（已掌握的在方框中打钩）
- □ 项目开发技术背景。
- □ 系统功能设计。
- □ 视频播放系统运行。
- □ 系统功能技术实现。
- □ 系统运行与测试。
- □ 开发常见问题及功能扩展。

15.1 项目开发技术背景

此视频播放系统是一个前端项目，使用的主要技术有 TypeScript、Vue 3、Vant 3、Mock.js、Axios、Vue-router 和 Pinia，具体技术介绍如下。

（1）TypeScript：由 Microsoft 公司在 JavaScript 基础上开发的一门脚本语言，可以理解为 JavaScript 的超集。

（2）Vue3：目前国内最火的前端框架之一，相比之前的版本，Vue 3 性能变得更强，体积变得更小。要想了解更多 Vue 知识，可以在 Vue 官网 https://vuejs.zcopy.site/ 查看。

（3）Vant3：一个开源的移动端组件库，要想了解更多的 Vue 知识，可以在 Vue 官网

https://youzan.github.io/vant/#/zh-CN/ 查看。

（4）Mock.js：一块模拟数据的生成器，可用于生成数据和拦截 Ajax 请求，常在前端开发中使用。要想了解更多的 Vue 知识，可以在 Vue 官网 http://mockjs.com/ 查看。

（5）Axios：它是一个基于 Promise 的网络请求库，作用于 Node.js 和浏览器中。

15.2 系统功能设计

视频播放系统是一个由 TypeScript 和 Vue 开发的开源系统，其主要功能有 5 个，分别为首页轮播图、视频列表、视频搜索、视频详情和视频播放。下面将通过系统功能结构、系统运行流程和系统开发环境 3 节讲解视频播放系统的功能设计。

15.2.1 系统功能结构

系统功能结构图就是根据系统不同功能之间的关系绘制的图表，视频播放系统功能结构图如图 15-1 所示。

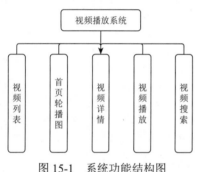

图 15-1 系统功能结构图

15.2.2 系统运行流程

系统运行流程图是用来概括描绘系统物理模型的图示，通常用来描述要开发的系统各部件间的流动情况。视频播放系统运行流程图如图 15-2 所示。

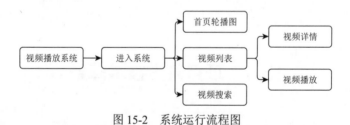

图 15-2 系统运行流程图

15.2.3 系统开发环境

在系统开发之前首先需要安装配置好需要使用的工具和环境。视频播放系统的开发环境如下。

（1）开发工具：Visual Studio Code+Google 浏览器。

(2) 开发语言：TypeScript+Vue+CSS。
(3) 操作系统：Windows 10。

15.3 视频播放系统运行

在进行视频播放系统开发前，首先要学会如何在本地运行本系统和查看本系统的文件结构，以加深对本程序功能的理解。

15.3.1 系统文件结构

下载视频播放系统源文件 chapter-15/video，然后使用 Visual Studio Code 将其打开，具体目录结构如图 15-3 所示。

文件目录解析如表 15-1 所示。

图 15-3 系统目录结构

表 15-1 文件目录解析

文 件 名	说 明
node_modules	通过 npm install 下载安装的项目依赖包
public	存放静态资源公共资源（不会被压缩合并）
src	项目开发主要文件夹
assets	存放静态文件(图片等)
router	路由
views	存放Vue页面
Head	页面头部
Home	首页
Search	搜索框
Video	视频播放页
App.vue	根组件
main.ts	入口文件
package.json	项目配置和包管理文件

15.3.2 运行系统

在本地运行视频播放系统，具体操作步骤如下。

（1）使用 Visual Studio Code 打开 chapter-15/video 文件夹，然后在终端中输入指令 npm install 来安装依赖 npm run serve 运行项目，如图 15-4 所示。

（2）在浏览器中访问网址 http://localhost:8080/，项目的最终实现效果如图 15-5 所示。

图 15-4　运行项目　　　　　图 15-5　视频播放系统首页

15.4　系统功能技术实现

本节主要讲解视频播放系统中主要功能的实现方法，下面将通过首页轮播图功能的实现、视频列表功能的实现、视频搜索功能的实现和视频详情功能的实现 4 节，来讲解视频播放系统功能技术的实现。

15.4.1 首页轮播图功能的实现

首页轮播图功能，获取 mock 数据中的轮播图信息，通过 Vant 3 来实现图片的轮播。
views/home/components/rotograph.vue：轮播图。

例 15-1 轮播图实现代码

```
<!-- 轮播图 -->
<template>
  <van-swipe class="my-swipe" :autoplay="3000" indicator-color="white">
    <van-swipe-item v-for="item in list" :key="item.imgSrc" v-lazy="item">
      <img :src="item.imgSrc" alt=" 欢迎来到视频播放系统 " />
    </van-swipe-item>
  </van-swipe>
</template>
<script setup lang="ts">
import { ref } from 'vue'
import axios from 'axios'
// 轮播图数据
interface Iswiper {
  imgSrc: string
  link: string
}
const list = ref<Iswiper[]>([])
// 查询轮播图数据
axios({
  url: '/swiperList',
  method: 'get'
}).then((res) => {
  list.value = res.data.result
})
</script>
<style lang="less" scoped>
.my-swiper {
  img {
    width: 100%;
  }
}
</style>
```

说明：van-swipe 是 Vant UI 组件库中的一个轮播图组件，用于在移动端应用中实现图片或内容的滑动展示。

15.4.2 视频列表功能的实现

视频列表功能，获取 mock 数据中的视频信息，以列表的形式展现。
views/home/components/theme.vue：视频列表。

例 15-2　视频列表实现代码

```vue
<!-- 首页主体 -->
<template>
  <!-- 导航栏 -->
  <van-tabs v-model:active="active" @click="navigation">
    <van-tab v-for="item in list" :key="item.id" :title="item.text"></van-tab>
  </van-tabs>
  <!-- 轮播图 -->
  <Rotograph />
  <!-- 视频列表 -->
  <div class="list">
    <VideoList v-for="item in list1" :key="item.id" :video="item" v-lazy="item" />
    <span v-if="list1.length == 0">
      <div class="main">
        <img src="@/assets/img/prompt.webp" alt="" />
      </div>
    </span>
  </div>
</template>
<script setup lang="ts">
import VideoList from '@/views/Home/components/videoList.vue'
import Rotograph from '../components/rotograph.vue'
import { ref } from 'vue'
import axios from 'axios'
const active = ref(0)
// 导航栏
interface INvaItem {
  id: string
  text: string
}
const list = ref<INvaItem[]>([])
// 查询导航栏数据
axios({
  url: '/navList',
  method: 'get'
}).then((res) => {
  list.value = res.data.result
})
// 视频列表
interface IVideoItem {
  id: number
  imgSrc: string
  desc: string
  playCount: string
  commentCount: string
  videoSrc: string
  type: number
```

```
}
const list1 = ref<IVideoItem[]>([])
// 查询视频列表数据
axios({
  method: 'get',
  url: '/videosList'
}).then((res) => {
  list1.value = res.data.result
})
// 根据频道查询视频
const navigation = (id: number) => {
  axios({
    method: 'get',
    url: '/videosList',
    params: { id: id }
  }).then((res) => {
    list1.value = res.data.result
  })
}
</script>
```

views/home/components/videoList.vue：视频列表组件。

例 15-3　视频列表组件实现代码

```
<!-- 视频列表组件 -->
<template>
  <router-link class="v-card" :to="`/video/${video.id}`">
    <div class="card">
      <div class="card-img">
        <img class="pic" :src="video.imgSrc" :alt="video.desc" />
      </div>
      <div class="count">
        <span>
          <i class="iconfont icon_shipin_bofangshu"></i>
          {{ video.playCount }}
        </span>
        <span>
          <i class="iconfont icon_shipin_danmushu"></i>
          {{ video.commentCount }}
        </span>
      </div>
    </div>
    <p class="title">{{ video.desc }}</p>
  </router-link>
</template>
<script setup lang="ts">
import { defineProps, PropType } from 'vue'
interface IVideoItem {
  id: number
```

```
  imgSrc: string
  desc: string
  playCount: string
  commentCount: string
  videoSrc: string
}
// 通过 defineProps 接收父传子的数据
defineProps({
  video: {
    type: Object as PropType<IVideoItem>,
    required: true
  }
})
</script>
```

说明：Vue 3 中的 defineProps 属性是一个重要的 API，用于定义组件的 Props 属性，使用 defineProps 可以更加灵活地声明和使用组件的属性，同时享受到类型检查和智能提示的好处。在子组件中，可以使用 defineProps 声明该组件需要接收的 props。defineProps 使得 Props 的定义更加简洁和直观，提高了代码的可读性和可维护性，提供了一种更加明确和类型安全的方式来定义子组件的 props，让子父组件之间的数据传递更加清晰和可维护。

15.4.3 视频搜索功能的实现

视频搜索功能，根据视频名称查询 mock 中视频列表中的数据，并将查询结果以列表的形式展现。

views/Search/index.vue：视频搜索组件。

例 15-4　视频搜索功能的实现代码

```
<!-- 视频搜索 -->
<template>
  <form>
    <van-search v-model="value" placeholder="请输入搜索关键词 " @search="onSearch" />
  </form>
  <div class="list">
    <VideoList v-for="item in list" :key="item.id" :video="item" v-lazy="item" />
    <span v-if="list.length == 0">
      <div class="main">
        <img src="@/assets/img/prompt.webp" alt="" />
      </div>
    </span>
  </div>
</template>
<script setup lang="ts">
import { ref } from 'vue'
import VideoList from '@/views/Home/components/videoList.vue'
```

```
import axios from 'axios'
const value = ref('')
// 视频列表
interface IVideoItem {
  id: number
  imgSrc: string
  desc: string
  playCount: string
  commentCount: string
  videoSrc: string
  type: number
}
const list = ref<IVideoItem[]>([])
// 默认查询所有视频
axios({
  method: 'get',
  url: '/videosList',
}).then((res) => {
  list.value = res.data.result
})
// 搜索
const onSearch = () => {
  axios({
    method: 'get',
    url: '/videosList',
    params: { value: value.value }
  }).then((res) => {
    list.value = res.data.result
  })
}
```

说明：van-search 是 Vant 组件库中的一个搜索组件，用于在输入框中输入数据并执行搜索操作。van-search 支持 Vue 的 v-model 指令，实现数据的双向绑定。

15.4.4 视频详情功能的实现

视频详情功能，根据视频 id 获取视频的详细信息。

views/Video/index.vue：视频详情。

例 15-5 视频详情功能的实现代码

```
<template>
  <!-- 头部 -->
  <Header />
  <!-- 视频播放 -->
  <Play :videoInfo="videoInfo" />
  <!-- 视频详情 -->
  <Details :videoInfo="videoInfo" />
```

```
    <!-- 相关推荐 / 评论 -->
    <Bottom />
</template>
<script lang="ts" setup>
import axios from 'axios'
import { ref } from 'vue'
import { useRoute } from 'vue-router'
import Header from '@/views/Head/index.vue'
import Play from './components/play.vue'
import Details from './components/details.vue'
import Bottom from './components/bottom.vue'
export interface IVideoInfo {
  author?: string
  authorIconSrc?: string
  commentCount?: number
  date?: string
  id?: string
  poster?: string
  playCount?: string
  likeCount?: string
  favCount?: string
  videoSrc?: string
  videoTitle?: string
}
// 初始化对象
const videoInfo = ref<IVideoInfo>({})
// 获取路由对象
const route = useRoute()
// 获取视频详情
axios({
  url: '/videoDetail',
  method: 'get',
  params: { id: route.params.id }
}).then(({ data }) => {
  videoInfo.value = data.result
  console.log(' 视频详情数据 ', data.result)
})
</script>
```

views/Video/components/details.vue：视频详情组件。

例 15-6 视频详情组件的实现代码

```
<!-- 视频详情 -->
<template>
  <div class="video-info">
    <div class="title">{{ videoInfo.videoTitle }}</div>
    <div class="author-info">
      <div class="author">
        <img class="author-avatar" :src="videoInfo.authorIconSrc" />
```

```
      <span class="author-name">{{ videoInfo.author }}</span>
    </div>
    <span>{{ videoInfo.playCount }} 观看 </span>
    <span>
      <i class="iconfont dianzan"></i>
      <span>{{ videoInfo.likeCount }}</span>
    </span>
    <span>
      <i class="iconfont icon_fav"></i>
      <span>{{ videoInfo.favCount }}</span>
    </span>
  </div>
</div>
</template>
<script lang="ts" setup>
import { defineProps, PropType } from 'vue'
export interface IVideoInfo {
  author?: string
  authorIconSrc?: string
  commentCount?: number
  date?: string
  id?: string
  poster?: string
  playCount?: string
  likeCount?: string
  favCount?: string
  videoSrc?: string
  videoTitle?: string
}
defineProps({
  videoInfo: {
    type: Object as PropType<IVideoInfo>,
    required: true
  }
})
</script>
```

views/Video/components/play.vue：视频播放组件。

例 15-7　视频播放组件的实现代码

```
<!-- 视频播放 -->
<template>
  <div class="video-play">
    <video controls class="video" :poster="videoInfo.poster" :src="videoInfo.videoSrc"></video>
  </div>
</template>
<script lang="ts" setup>
import { defineProps, PropType } from 'vue'
```

```
export interface IVideoInfo {
  author?: string
  authorIconSrc?: string
  commentCount?: number
  date?: string
  id?: string
  poster?: string
  playCount?: string
  likeCount?: string
  favCount?: string
  videoSrc?: string
  videoTitle?: string
}
defineProps({
  videoInfo: {
    type: Object as PropType<IVideoInfo>,
    required: true
  }
})
</script>
```

views/Video/components/bottom.vue：视频推荐评论组件。

例 15-8　视频评论 / 推荐组件的实现代码

```
<!-- 视频的推荐和评论 -->
<template>
  <!-- 评论 -->
  <van-tabs v-model:active="activeName">
    <van-tab title="评论" name="recommend">
      <div class="comment" v-for="item in list" :key="item.id">
        <div class="comment-head">
          <img class="avatar" :src="item.avatar" />
        </div>
        <div class="comment-body">
          <p class="username">{{ item.username }}</p>
          <p class="content">{{ item.content }}</p>
          <p class="date">{{ item.date }}</p>
        </div>
      </div>
    </van-tab>
    <!-- 推荐 -->
    <van-tab title="推荐" name="comment">
      <div class="main">
        <img src="@/assets/img/prompt.webp" alt="" />
      </div>
    </van-tab>
  </van-tabs>
</template>
<script lang="ts" setup>
```

```
import { ref } from 'vue'
import axios from 'axios'
const activeName = ref('recommend')
// 评论
interface IComment {
  id: string
  date: string
  content: string
  avatar: string
  username: string
}
const list = ref<IComment[]>([])
// 查询评论数据
axios({
  method: 'get',
  url: '/commentsList'
}).then(({ data }) => {
  list.value = data.result.items
})
</script>
```

15.5 系统运行与测试

系统运行与测试是一个系统在上线运行之前必不可少的两步，本节将讲解视频播放系统的运行和测试流程，具体步骤如下。

1. 运行流程

（1）使用 Visual Studio Code 打开项目，然后通过在终端中输入指令 npm install 来安装依赖。

（2）在终端中输入指令 npm run serve，运行项目。

（3）在浏览器中输入地址 http://localhost:8080，打开视频播放系统，如图 15-6 所示。

2. 测试流程

（1）轮播图功能测试，访问首页，查看首页轮播图是否可以正常轮播，结果如图 15-7 所示。

（2）搜索功能测试，单击搜索图标，查看是否可以正常跳转到搜索页，在搜索框中输入内容，查看是否可以搜索成功，结果如图 15-8 所示。

图 15-6　运行结果

（3）视频详情功能测试，单击视频列表中的视频，查看是否可以正常跳转到视频的详情页，结果如图15-9所示。

图15-7 轮播图功能测试

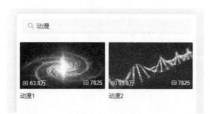

图15-8 搜索功能测试

图15-9 视频详情功能测试

15.6 开发常见问题及功能扩展

在一个系统的开发工程中常常会遇到一些报错，这些报错可能是代码编写的错误，也可能是程序的逻辑错误。下面将列举在开发此项目时所遇到的错误。

1. 图片加载失败

原因：由于系统中的图片为网络图片，因此当图片链接失效时图片将会加载失败。

解决办法：更换新的图片或将使用的图片改为本地图片。

2. 切换导航栏中的视频分类时，视频未根据视频切换

原因：切换视频分类时，未根据视频分类查询视频列表。

解决办法：在切换视频分类时根据视频分类的id查询视频列表。

一个系统的开发往往需要好几个阶段，此视频播放系统还有很多可以优化的地方，例如：

（1）添加用户的登录、注册功能。

（2）添加视频的发布、点赞、收藏、推荐和评论功能。

（3）将数据更换成真实的数据。